四元数在知识补全中的应用研究

陈恒 著

清華大学出版社
北京

内容简介

本书以作者近年来在知识图谱补全方面的研究成果为主线，结合国内外相关发展动态，系统全面地介绍四元数在知识图谱补全中的基本理论和近年来的新方法、新成果。本书围绕知识图谱补全过程中存在的几个重要问题，重点阐述基于四元数、四元数群、动态对偶四元数的知识图谱补全方法，同时介绍四元数嵌入胶囊网络的知识图谱补全方法。

本书内容新颖、结构合理、实用性强，可供知识图谱领域相关研究人员、工程技术人员、高校教师、研究生等参考阅读。

图书在版编目（CIP）数据

四元数在知识补全中的应用研究 / 陈恒著. -- 北京：
清华大学出版社，2024. 11. -- ISBN 978-7-302-67588-4

Ⅰ. TP391

中国国家版本馆 CIP 数据核字第 20241UD968 号

策划编辑：魏江江
责任编辑：王冰飞　吴彤云
封面设计：刘　键
责任校对：郝美丽
责任印制：刘海龙

出版发行：清华大学出版社
网　　址：https://www.tup.com.cn，https://www.wqxuetang.com
地　　址：北京清华大学学研大厦 A 座　**邮　　编**：100084
社 总 机：010-83470000　**邮　　购**：010-62786544
投稿与读者服务：010-62776969，c-service@tup.tsinghua.edu.cn
质量反馈：010-62772015，zhiliang@tup.tsinghua.edu.cn
课件下载：https://www.tup.com.cn，010-83470236

印 装 者：三河市铭诚印务有限公司
经　　销：全国新华书店
开　　本：185mm×260mm　**印　　张**：8.75　**字　　数**：150 千字
版　　次：2024 年 11 月第 1 版　**印　　次**：2024 年 11 月第 1 次印刷
定　　价：69.00 元

产品编号：100367-01

前言

自 2012 年 5 月 16 日 Google 发布基于知识图谱的新一代“智能”搜索引擎以来，知识图谱的应用模式已涉及知识表示、抽取、融合、问答、推理、检索等关键领域，成为知识服务领域的新热点之一，受到业界广泛关注。随着信息化与数字化建设的展开与自然语言处理技术的进步，知识图谱不再局限于网络百科式的搜索，衍生出互联网内容与社交、大数据知识图谱与行业知识图谱等产品类型，产品专业化与场景化的趋势日渐明显，被广泛应用在医疗、农业、公安、国防、金融、出版、电商等行业。

尽管 Freebase、Wordnet、DBpedia、YAGO 和 NELL 等通用知识图谱在解决信息检索、知识推理、智能问答、数据集成、智能推荐等人工智能任务中起着至关重要的作用，但是许多大规模通用领域知识图谱大多由人工或半自动方式构建，通常比较稀疏，大量实体间隐含的关系并没有被充分挖掘出来，远未达到完备的状态。知识图谱补全能提高知识图谱的知识覆盖率，是知识图谱在动态演化过程中实现完备化的必备机制，也是知识图谱领域中的一个重要问题，并且是极富挑战性的研究领域，同时也是人工智能领域的一个研究热点。在大数据时代背景下，个别搜索引擎企业融合多源异构大数据，构建超大规模通用领域知识图谱，拥有十亿级实体和千亿级事实，并在不断演进和更新，给知识图谱补全带来巨大挑战。在知识图谱补全方法中，主要存在实体间语义关系缺失、三元组属性语义信息缺失、部分组合关系语义缺失、实体和关系间复杂的语义联系缺失等普适性问题，这些问题将直接影响智能问答、数据集成、信息检索、知识推理、智能推荐等后续下游任务的准确度和难易程度。因此，知识图谱补全方法的精确性、有效性、鲁棒性以及实时性仍然是亟待解决的问题。所以，知识图谱补全是富有现实意义和科研价值的重要课题，希望本书的出版能够为促进知识图谱补全方法的研究发挥积极的作用。

近年来，知识图谱领域中不断涌现新的知识图谱补全思路与方法，因此有必要向读者及时介绍这些新成果。由于知识图谱补全方法的多样性，本书主要以作者近年来的理论研究成果为主线，结合正在进行的科研项目，系统、全面地介绍知识图谱补全技术的基础理论与方法，同时穿插介绍一些国内外的相关动态发展情况。本书围绕知识图谱补全方法中遇到的几个重要问题展开研究，不仅对现有知识图谱补全方法进行全面的总结与分析，而且提出多种知识图谱补全的新思路与新方法，为解决知识图谱领域所遇到的问题提供依据。

本书共 6 章。第 1 章主要介绍与知识图谱补全相关的基本理论和基础概念，分析知识图谱补全方法存在的问题以及国内外相关技术的研究现状，同时介绍本书的研究问题、研究内容以及内容组织安排。第 2 章为解决实体间语义关系缺失问题，提出基于四元数关系旋转的知识图谱补全方法（QuaR）。第 3 章为解决三元组属性语义信息缺失问题，提出基于四元数嵌入胶囊网络的知识图谱补全方法（CapS-QuaR）。第 4 章为解决部分不可交换的组合关系语义缺失问题，提出基于四元数群的知识图谱补全方法（QuatGE）。第 5 章为解决实体和关系间复杂的语义联系缺失问题，提出基于动态对偶四元数的知识图谱补全方法（DualDE）。第 6 章首先对本书提出的补全方法进行比较分析，然后对本书的研究内容进行总结，最后对知识图谱补全方法的发展趋势进行展望，为知识图谱补全提供新的思路。

值此本书出版之际，衷心感谢李冠宇教授在本书撰写过程中给予的指导、支持和鼓励，同时感谢徐琳宏、孙云浩、李正光、梁艺多、李林瑛给予的帮助和启发。

本书的出版得到辽宁省自然科学基金计划（面上项目）（No. 2024-MS-174）的资助，在此表示感谢。

作　者

2024 年 9 月

目录

第1章

概　述

1.1　基本概念

1.1.1　知识图谱的定义

知识图谱(Knowledge Graph,KG)[1]是大数据、人工智能迅速发展背景下产生的一种知识表示与管理方式,语义搜索是其主要服务领域。2012 年 5 月 16 日,Google 发布“知识图谱”的新一代“智能”搜索功能[2],并指出知识图谱技术极大增强了 Google 搜索引擎返回结果的价值,从而掀起了知识图谱相关技术的研究热潮。

近年来,知识图谱的应用模式已涉及知识表示[3-4]、抽取[5-6]、融合[7]、问答[8-9]、推理[10-11]、检索[12-13]等关键领域,成为知识服务领域的新热点之一,受到业界广泛关注。在国内,已将知识图谱确立为国家重点发展战略,2017 年 7 月,国务院《新一代人工智能发展规划》明确提出“建立新一代人工智能关键共性技术体系”的重点任务,并特别强调“研究跨媒体统一表征、关联理解与知识挖掘、知识图谱构建与学习、知识演化与推理、智能描述与生成等技术,开发跨媒体分析推理引擎与验证系统”的关键共性技术[14]。可以预见,知识图谱是未来人工智能发展必经之路,构建行业知识图谱有难度更有价值。

本质上，知识图谱是表示实体和实体之间关系的语义网络，即万物及其联系的网络，可以理解成多关系图，可对现实世界的事物及其相互关系进行形式化描述。知识图谱以高度结构化的形式表示，描述现实世界中实体及实体间的关系，其形式化描述如定义 1.1 所示。简单地说，知识图谱就是以图(Graph)的方式展现实体、实体属性以及实体之间的关系，其中节点代表实体，边代表实体间关系，使用事实三元组(头实体，关系，尾实体)的形式表示每条知识。如图 1.1 所示，有 6 个实体，分别是“张三”“李四”“王五”“赵六”“某科技公司 1”和“某科技公司 2”；有 3 条表示“现任职于”关系的边，各有一条表示“同事”“朋友”“曾任职于”关系的边；共有 6 条边，即共有 6 个事实三元组。

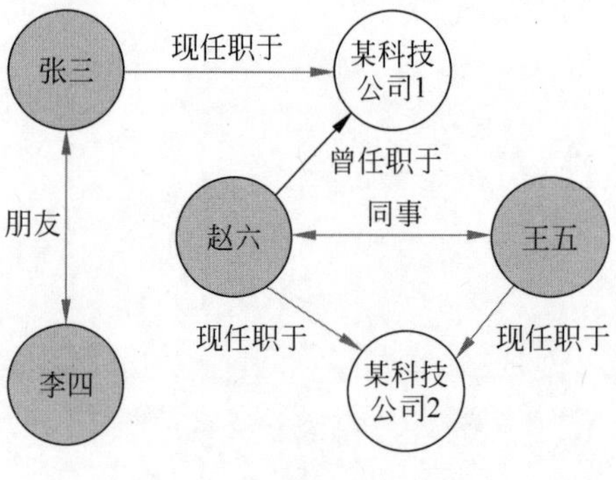

图 1.1　知识图谱示例

定义 1.1　(知识图谱)：知识图谱 KG 由结构化的模式三元组 $F=\{(e_i,r_k,e_j)\mid e_i,e_j\in E\wedge r_k\in R\}$和属性三元组 $A=\{(e_k,a_l^{e_k},\mathrm{val}(a_l^{e_k}))\mid e_k\in E\wedge a_l^{e_k}\in a^{e_k}\wedge \mathrm{val}(a_l^{e_k})\in \mathrm{dom}(a_l^{e_k})\}$构成。其中，在模式三元组中，$E=\{e_1,e_2,\cdots,e_M\}$为实体集，$R=\{r_1,r_2,\cdots,r_N\}$为实体 $e,e'\in E$ 间的关系 r 的集合，$r\in R\subseteq E\times E$；在属性三元组中，$a_l^{e_k}$ 为实体 e_k 的第 l 个属性，a^{e_k} 为实体 e_k 的属性集，因此 $a_l^{e_k}\in a^{e_k}$，$\mathrm{val}(a_l^{e_k})$为属性 $a_l^{e_k}$ 的一个具体取值，$\mathrm{dom}(a_l^{e_k})$为属性 $a_l^{e_k}$ 的定义域。因此，知识图谱 KG 可以形式化定义为 $\mathrm{KG}\overset{\mathrm{def}}{=}\{E,R,F,A\}$，或者 $\mathrm{KG}\overset{\mathrm{def}}{=}F\cup A$。

从某种角度来说，数据库中 E-R 图(实体-关系图)的概念与知识图谱的概念是有异曲同工之处，是反映实体和实体关系的最经典的概念模型。E-R 图作为概念模型，是为人理解客观世界的事物，而非计算机实现的模型。从此角度来看，知识图谱又不同于 E-R 图，因为它不仅显式地刻画了实体和实体关系，而且其本身也定义了一种计算机所实现的数据模型，即 W3C 所提出的资源描述框架（Resource Description Framework，RDF）三元组数据模型[15]。从某种角度来说，知识图谱是一个商业包装的词汇，但是其本身来源于诸如语义网、图数据库等相关的学术研究领域。总的来说，知识图谱是一项交叉研究领域；计算机的不同学科均从不同的角度对知识图谱领域进行了研究。

图 1.2 展示了这样的一种多学科交叉研究的状况[16]。

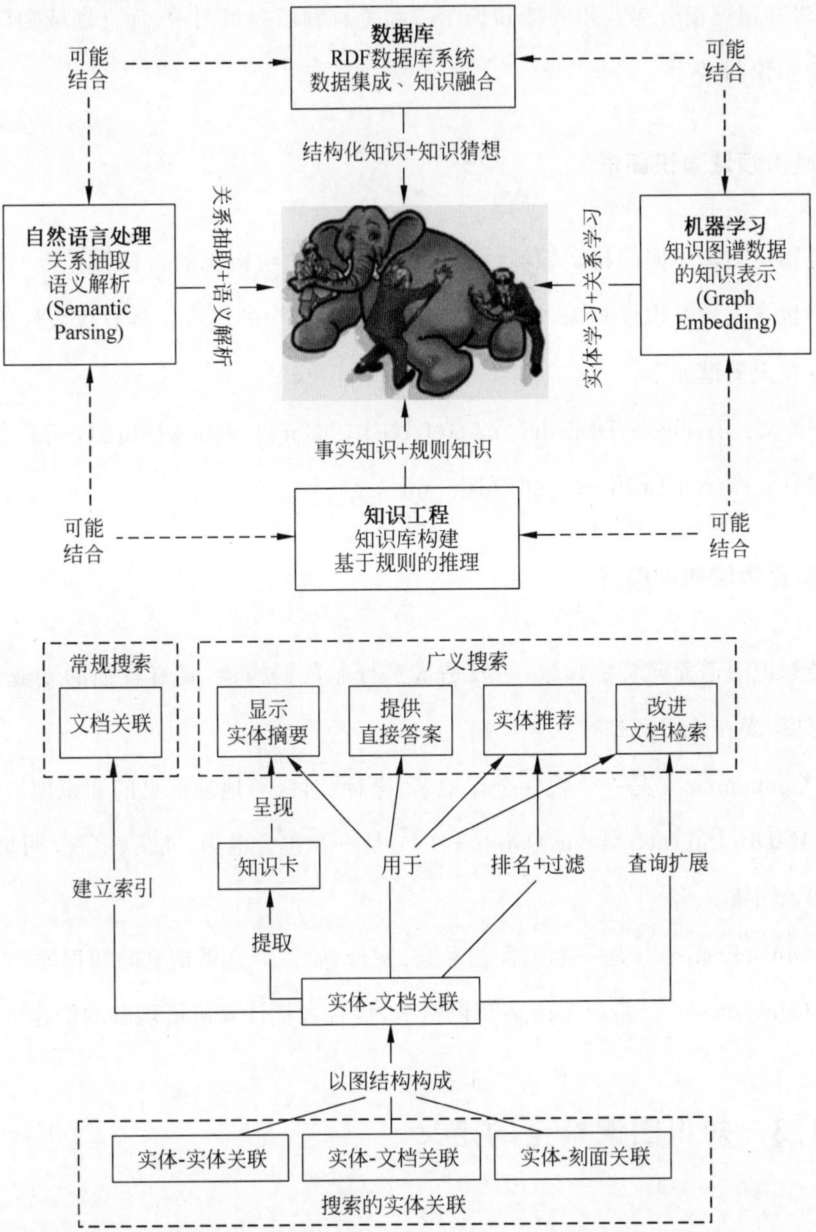

图 1.2 不同领域对“知识图谱”的研究侧重（上）与当前应用模式（下）

1.1.2 知识图谱的分类

目前,学术界和工业界习惯用“知识图谱”泛指各种大规模知识库,如 Freebase[17]、Wordnet[18]、DBpedia[19]、YAGO[20] 和 NELL[21] 等知识库。基于知识图谱的应用领域,可以将知识图谱分为通用领域知识图谱和垂直领域知识图谱,垂直领域知识图谱又称为行业知识图谱[22]。

1. 通用领域知识图谱

此类知识图谱不面向特定领域,可以将其类比为“结构化的百科知识”。通用领域知识图谱包含大量常识性知识,涉及领域广泛,强调知识的广度。具有代表性的大规模通用领域知识图谱如下。

(1) 英文:Freebase、DBpedia、YAGO、NELL、Google Knowledge Graph[23] 等。

(2) 中文:CN-DBpedia[24] 和 Zhishi. me[25]。

2. 垂直领域知识图谱

此类知识图谱面向特定领域,一般是基于行业数据构建,具有较强的专业性,强调知识的深度,潜在使用者是行业人员。

(1) Geonames[26] 是一个包含全球地名、坐标、时区等地理信息的知识库。

(2) IMDB(Internet Movie Database)[27] 是一个包含电影、演员、电视、明星等多类信息的知识图谱。

(3) MusicBrainz[28] 是一个包含艺术家、发行、曲目等音乐信息的知识库。

(4) ConceptNet[29] 是一个语义知识网络,包含大量计算机可理解的概念。

1.1.3 知识图谱补全的定义

尽管 Freebase、Wordnet、DBpedia、YAGO 和 NELL 等知识图谱在解决信息检

索[30-31]、知识推理[10,32]、智能问答[33-34]、数据集成[35-36]、智能推荐[37-38]等人工智能任务中起着至关重要的作用，但是许多大规模通用知识图谱大多由人工或半自动方式构建，通常比较稀疏，大量实体间隐含的关系并没有被充分挖掘出来，远未达到完备的状态[39-40]。例如，作为最大的公开访问的知识图谱，Freebase囊括了上亿个实体、几千种关系以及近30亿条事实三元组。但在Freebase中仍然约有71%的人缺失出生地，约有75%的人缺失国籍[41]。因此，知识图谱补全（Knowledge Graph Completion，KGC）受到业界广泛关注，成为业界研究的热点问题。

知识图谱补全是知识图谱在动态演化过程中实现完备化的必备机制，目的是预测出事实三元组中缺失的部分，从而使知识图谱变得更加完整。

如图1.3所示，根据(Microsoft，BasedIn，Seattle)、(Seattle，StateLocatedIn，Washington)和(Washington，CountryLocatedIn，USA)，可预测出(Microsoft，CountryOfHeadquarters，USA)，见虚线部分，如式(1.1)所示；根据(Bill Gates，BornIn，Seattle)、(Seattle，StateLocatedIn，Washington)和(Washington，CountryLocatedIn，USA)，可预测出(Bill Gates，Nationality，USA)，见虚线部分，如式(1.2)所示；根据(Bill Gates，FounderOf，Microsoft)的逆操作，还可预测出(Microsoft，HasFounder，Bill Gates)，见虚线部分，如式(1.3)所示。

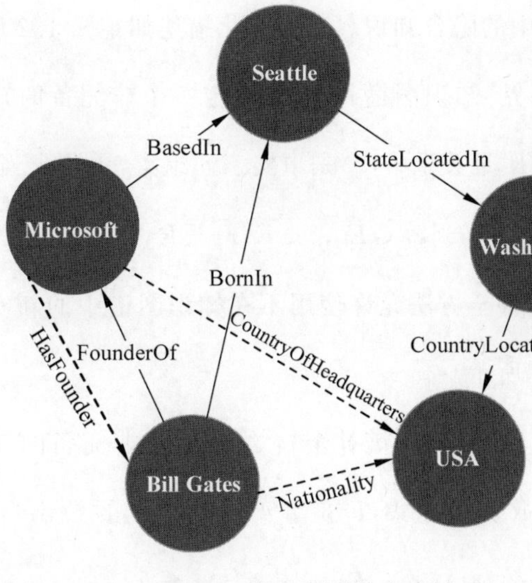

图1.3　知识图谱补全示例

$$\text{BasedIn} \land \text{StateLocatedIn} \land \text{CountryLocatedIn} \Rightarrow \text{CountryOfHeadquarters} \quad (1.1)$$

$$\text{BornIn} \land \text{StateLocatedIn} \land \text{CountryLocatedIn} \Rightarrow \text{Nationality} \quad (1.2)$$

$$\text{inverseOP}(\text{FounderOf}) \Rightarrow \text{HasFounder} \quad (1.3)$$

1.1.4 知识图谱补全的分类

知识图谱补全可以提高知识图谱的知识覆盖率，是目前人工智能领域的一个研究热点，通过对知识图谱中实体对象、关系对象以及实体描述文本和非结构化文本中特征词的联合建模，从中挖掘出新实体对象，不仅能预测知识图谱中的隐含知识，而且可以实现向知识图谱中添加包括新实体的知识三元组，从而提高知识图谱的知识覆盖率。按照能否处理新实体或新关系，可以将知识图谱补全方法分成两类[42]："封闭世界"知识图谱补全方法以及"开放世界"知识图谱补全方法。

无特殊说明时，文献中所述知识图谱补全方法，均属于"封闭世界"知识图谱补全方法。本书所研究的知识图谱补全方法，也属于"封闭世界"知识图谱补全方法。

顾名思义，"封闭世界"知识图谱补全方法是在封闭世界假设条件下，进行知识图谱补全任务，预测知识图谱中的隐含知识。其形式化描述如定义 1.2 所示。

定义 1.2 （"封闭世界"知识图谱补全）：给定一个非完备的知识图谱 KG$=\{E,R,F\}$，其中 E 是实体集，R 是关系集，F 是事实三元组集，预测出当前知识图谱 KG 中缺失的三元组 $F'=\{(e_h,r_k,e_t)\mid e_h\in E,e_t\in E,r_k\in R,(e_h,r_k,e_t)\notin F\}$。

"开放世界"知识图谱补全方法允许使用不在知识图谱中的新实体进行补全任务。其形式化描述如定义 1.3 所示。

定义 1.3 （"开放世界"知识图谱补全）：给定一个非完备的知识图谱 KG$=\{E,R,F\}$，其中 E 是实体集，R 是关系集，F 是事实三元组集，预测出当前知识图谱 KG 中缺失的三元组 $F'=\{(e_h,r_k,e_t)\mid e_h\in E',e_t\in E',r_k\in R,(e_h,r_k,e_t)\notin F\}$，$E'$是一个实体超集，即不限定实体一定在 E 中。

1.2 知识图谱补全的意义

人类思维以实体 e 为中心，是实体思维，思维对象是实体集 E（包括具体和抽象实体）。人类思维目标就是针对开放世界 $U=\{\text{DB}, \text{Web Document}, \text{LOD}, \cdots\}$，完善已有知识体系 K，并不断发现和吸纳新知识 K^*，其中 $K, K^* \subseteq U$，实现知识体系$\mathbb{K}$ 动态增量维护与连续逻辑自洽，即$\{e, e', r \mid e, e' \in E \cup E^*, r \in R \cup R^*: L(e) \wedge L(e') \wedge L(r) \wedge L(\langle e, r, e' \rangle) \Rightarrow \text{true}\}$，其中，$L(\cdot)$为逻辑真值判断函数。

这里，知识 $K=\text{Fact} \uplus \text{Rule}$，事实 $f \in \text{Fact}$ 就是实体 e 或 e'，规则 Rule 就是实体 e 与 e'之间的关系 r，算子$\uplus$是一种系统合成，其运算结果，即知识 K 的基本表示形式为三元组 $K=(e, r, e')$。因此，人类运用知识进行思维，本质上采用的是一种实体-关系思维模式，其知识完备化过程，主要包括以下两方面。

(1) 知识内求过程：发现或建构已知实体 $e_i, e_j \in E$ 之间的隐含关系 $r_k \in R$，维持知识体系（知识图谱）$K=E \cup R$ 的一致性和完善性（对知识体系$\mathbb{K}$ 进行“封闭世界”补全）。

(2) 知识外展过程：发现或建构与已有知识体系相关的新实体 $e_p^*, e_q^* \in E^*$ 和新关系 $r_s^* \in R^*$，$K^*=E^* \cup R^*$ 表示新增知识，动态维护新的整体知识体系 $K \cup K^*=(E \cup R) \cup (E^* \cup R^*)$的一致性和完善性（对知识体系$\mathbb{K}$ 进行“开放世界”补全）。

综上所述，知识体系$\mathbb{K}$ 完备化的整体过程等于知识内求过程加知识外展过程，可以递推地表达为 $K^{(i+1)}=K^{(i)} \cup \Delta K^{(i)}$，$i=0,1,\cdots$，实质上反映了$\mathbb{K}$ 的自举实现过程。当 $i=0$ 时，令 $\Delta K^{(0)}=K$ 为已有知识体系，而任意 $\Delta K^{(i)}(i>0)$均为新增知识，可以将知识体系$\mathbb{K}$ 统一记为

$$\mathbb{K}=\bigcup_{i=0}^{\infty} \Delta K^{(i)} \tag{1.4}$$

式(1.4)反映了知识图谱的连续积累过程，如图 1.4 所示。

在当前大数据时代背景下，个别搜索引擎企业融合多源异构大数据，构建超大规模通用领域知识图谱，拥有十亿级实体和千亿级事实，并不断演进和更新，给知识图谱补

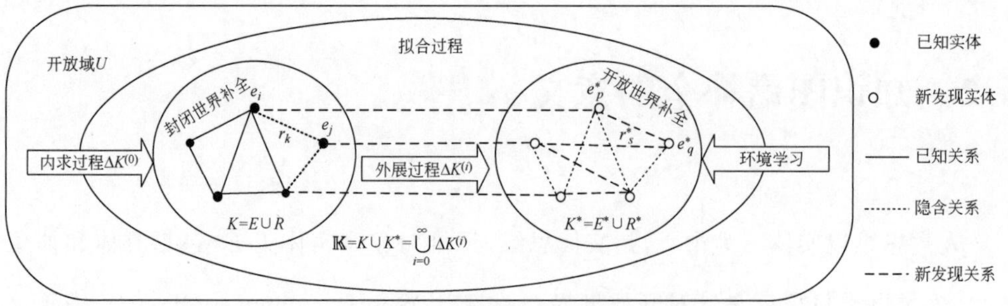

图 1.4　知识图谱的连续积累过程

全带来许多挑战问题。因此，本书针对知识图谱补全进行研究，具有一定的现实意义和实际应用参考。

1.3　知识图谱补全的国内外研究现状

为进一步研究知识图谱补全中存在的挑战问题，本书分别对基于翻译的知识图谱补全方法、基于旋转的知识图谱补全方法、基于卷积网络的知识图谱补全方法、基于多跳关系推理的知识图谱补全方法以及基于群论的知识图谱补全方法进行研究分析。

1.3.1　基于翻译的知识图谱补全方法

基于翻译的知识图谱补全方法也称为基于平移距离的知识图谱补全方法，这些方法均有一个共同特征：关系嵌入向量是头尾实体嵌入向量之间的翻译（平移），使用头实体向量与关系向量之和，与尾实体向量之间的欧氏距离构建评分函数。以TransE[43]为代表的翻译方法，已经获得了较好的效果。

TransE 模型将实体和关系嵌入表示在低维向量空间（实值空间）中，即 $\boldsymbol{h},\boldsymbol{r},\boldsymbol{t}\in\mathbb{R}^d$，$\boldsymbol{h},\boldsymbol{r},\boldsymbol{t}$ 分别是头实体 e_h、关系 r 和尾实体 e_t 的嵌入表示。在这种实值单空间（$\mathbb{R}^d$）中，TransE 模型的嵌入表示必须遵循翻译原则，即 (e_h,r,e_t) 成立时，$\boldsymbol{h}+\boldsymbol{r}\approx\boldsymbol{t}$ 即 $\boldsymbol{h}+\boldsymbol{r}$ 是 $\boldsymbol{t}$ 的近邻，如图 1.5(a)所示，此原则也大大提高了知识图谱的计算效率。

虽然 TransE 模型很好地解决了知识图谱的计算效率问题，但它仅能很好地建模

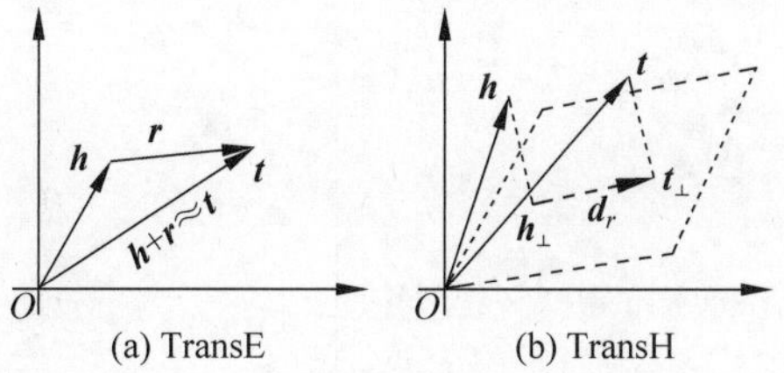

图 1.5 TransE[43]和 TransH 模型[44]

1∶1关系，无法建模 1∶N、N∶1 及 N∶N 关系。例如，事实三元组(甲，同学，乙)和(甲，同学，丙)同时成立，则存在模型假设"甲($\boldsymbol{h}$)＋同学($\boldsymbol{r}$)≈乙($\boldsymbol{t}_1$)"和"甲($\boldsymbol{h}$)＋同学($\boldsymbol{r}$)≈丙($\boldsymbol{t}_2$)"，即乙和丙是同一个人，或者说甲只能有一个同学，这显然不符合实际。

为解决 TransE 模型无法建模 1∶N、N∶1 及 N∶N 等复杂关系的问题，Wang 等[44]提出了 TransH 模型，令一个实体在不同的关系下具有不同的嵌入表示。例如，乙和丙是两个不同的实体，同学关系可以让不同的实体(乙和丙)拥有不同的嵌入向量表示。如图 1.5(b)所示，将关系 r 投影到关系特定的超平面上，而非在实体嵌入的相同空间中。然后，将头实体嵌入 $\boldsymbol{h}$ 和尾实体嵌入 $\boldsymbol{t}$ 投影到关系所在的超平面上，投影向量分别表示为 $\boldsymbol{h}_\perp$ 和 $\boldsymbol{t}_\perp$，关系嵌入 r 被视为 $\boldsymbol{h}_\perp$ 和 $\boldsymbol{t}_\perp$ 两个投影向量之间的平移 $\boldsymbol{d}_r$。当事实三元组(e_h, r, e_t)成立时，$\boldsymbol{h}_\perp$ 和 $\boldsymbol{t}_\perp$ 两个投影向量可由超平面上的平移向量 $\boldsymbol{d}_r$ 连接，并且误差较低。

知识图谱中的实体是多个属性的结合体，不同关系可能对应实体的不同属性，实体和关系可能无法被嵌入表示在同一个语义向量空间中。TransE 和 TransH 模型均有一个相同假设，即假设实体和关系嵌入在同一向量空间中。虽然 TransH 模型利用关系超平面提高了建模的灵活性，但并没有完全突破这一假设约束。为解决该问题，Lin 等[45]提出了 TransR 模型，将实体和关系嵌入两个实值向量空间($\mathbb{R}^k$ 和$\mathbb{R}^d$)，通过映射矩阵 $\boldsymbol{M}_r \in \mathbb{R}^{k \times d}$ 将实体空间($\boldsymbol{h}, \boldsymbol{t} \in \mathbb{R}^k$)映射到关系空间($\boldsymbol{r} \in \mathbb{R}^d$)，如图 1.6 所示。

除 TransE、TransH 和 TransR 几个经典翻译模型外，后续也提出了许多其他翻译模型[46-53]。例如，TransD[46]模型使用两个向量表示一个实体或关系，一个向量表示实体或关系的语义信息，一个向量动态构造映射矩阵，与 TransR 相比，TransD 同时考虑了实体和关系的多样性，是 TransR 的一个更细粒度的改进；为解决翻译模型损失函数过于简单不能够很好地表示复杂多变的知识图谱的问题，TransA[47]模型根据度量学

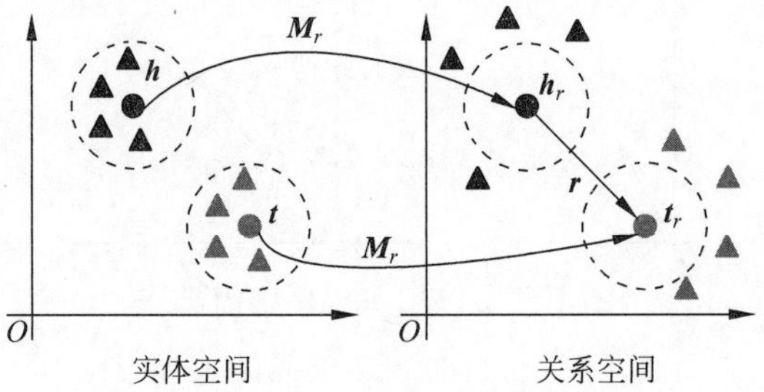

图 1.6　TransR 模型[45]

习的思想提出了一种对表示向量的自适应度量方法，主要对翻译模型的损失函数进行改进；为解决知识图谱的多关系语义(一个关系可能具有多个相关联的实体对所表示的语义)问题，TransG[48]模型利用特定于关系的组件向量的混合，嵌入表示事实三元组；STransE[49]是一种将已有的几种链接预测模型结合起来的嵌入模型，该模型将每个实体表示为一个低维向量，每个关系由两个矩阵和一个平移向量表示，比已有的嵌入模型具有更好的链接预测性能。

综上所述，基于翻译的知识图谱补全方法或多或少地存在关系建模的缺陷。例如，TransE 模型将关系视为头实体到尾实体的平移，只能建模反转关系和组合关系，但不能建模对称关系模式；TransH、TransR 是 TransE 模型的变形，可以建模对称/反对称模式，但不能建模反转和组合模式。总之，这些基于翻译的知识图谱补全方法仅能建模部分关系模式，将导致语义关系缺失问题。

1.3.2　基于旋转的知识图谱补全方法

为解决基于翻译的知识图谱补全方法的建模缺陷，研究者引入了复数向量空间，将实体和关系表示在复数向量空间中，即 $\boldsymbol{h},\boldsymbol{r},\boldsymbol{t}\in\mathbb{C}^d$。以头实体 e_h 为例，它的嵌入表示 $\boldsymbol{h}$ 由一个实部 $\mathrm{Re}(\boldsymbol{h})$和一个虚部 $\mathrm{Im}(\boldsymbol{h})$组成，即 $\boldsymbol{h}=\mathrm{Re}(\boldsymbol{h})+\mathrm{i}\,\mathrm{Im}(\boldsymbol{h})$。ComplEx[54]模型第一个通过引入复数向量空间扩展 DisMult[55]，以便更好地建模对称和反对称关系模式。但 ComplEx 模型通过关系 $\boldsymbol{r}$ 无法建模 $\boldsymbol{h}$ 到 $\boldsymbol{t}$ 的双射函数，因此无法建模组合关系。受欧拉恒等式 $e^{i\theta}=\cos\theta+i\sin\theta$ 的启发，Sun 等[56]提出一个基于旋转的知识图谱补全方法 RotatE，该方法将每个关系建模为复数向量空间中头实体到尾实体的旋转，

即 $\boldsymbol{t}=\boldsymbol{h}\circ\boldsymbol{r}, \boldsymbol{h}, \boldsymbol{r}, \boldsymbol{t}\in\mathbb{C}^d$，$\circ$表示哈达玛乘积。与基于翻译的方法不同，RotatE 方法能够建模和推理对称、反对称、逆和组合等各种关系模式。

与传统的复数向量表示不同，四元数能够在三维空间中表达旋转，并且比复数平面中的旋转具有更大的自由度和灵活度[57]。Zhang 等[57]首次将四元数引入知识图谱嵌入表示，即 QuatE 方法。在 QuatE 补全方法中，引入了更具表现力的四元数表示建模知识图谱的实体和关系，使用四元数嵌入表示实体，关系被建模为四元数空间中的旋转。QuatE 方法通过四元数 $Q=a+b\mathbf{i}+c\mathbf{j}+d\mathbf{k}$ 将复数空间扩展为超复数空间（四元数空间），即 $\boldsymbol{h}, \boldsymbol{r}, \boldsymbol{t}\in\mathbb{H}^d$。QuatE 方法利用了几何旋转的概念，与 RotatE 方法仅有一个旋转平面不同，在 QuatE 方法中有两个旋转平面。同时，QuatE 方法也是 ComplEx 模型在超复数空间上的推广，并提供了更好的几何解释，也满足了关系表示学习的关键需求（即建模对称、反对称和逆关系模式）。

对于知识图谱补全方法，建模和推理对称、反对称、逆和组合等各种关系模式至关重要。然而，大多数现有方法无法对非交换组合关系模式进行建模，尤其是多跳关系建模。为了解决此问题，Gao 等[58]提出了一个名为 Rotate3D 知识图谱补全方法，将实体映射到四元数三维空间，并将关系定义为从头实体到尾实体的旋转。与 QuatE 方法不同的是，Rotate3D 方法考虑了非交换组合关系模式，并利用四元数三维空间中旋转的非交换组合特性，可以很自然地保持关系组合的顺序，进而正确地建模非交换组合关系模式。

不管是将关系向量建模为实体对之间翻译的方法（TransE、TransH、TransR 和 TransD），还是将关系向量建模为实体对之间旋转的方法（RotatE、QuatE 和 Rotate3D），它们均具有简单高效的优点。但是，基于旋转的知识图谱补全方法有以下两个主要问题。

（1）捕捉实体和关系之间的表示和特征交互的能力相对较弱，因为它们仅依赖于头实体、关系和尾实体对应的 3 个嵌入向量的严格计算。

（2）虽然可以处理对称、反对称、逆、组合等多种关系模式，但它们没有考虑关系的映射性质，如一对多、多对一、多对多等复杂关系。

为解决这两个主要问题，Gao 等[59]提出了一个名为 QuatDE 的知识图谱补全方法。该方法采用动态映射策略显式地捕获各种关系模式，增强三元组元素之间的特征交互能力。QuatDE 方法依赖于 3 个额外的向量作为头实体转移向量、尾实体转移向量和关系转移向量，它的映射策略动态选择与每个三元组关联的转移向量，并通过哈密尔顿四元数的乘积动态调整实体嵌入向量在四元数空间中的点位置。

绝大多数基于翻译或旋转的知识图谱补全方法，均将关系建模为单个几何操作，如翻译或旋转操作，这限制了底层模型方法的表示能力，难以对现实世界知识图谱中存在的复杂关系进行建模与表示。

为了包含更丰富的关系建模信息，Cao 等[60]提出了一种名为 DualE 的知识图谱补全方法，该方法将对偶四元数引入知识图谱嵌入。具体地说，对偶四元数的性质类似于“复数四元数”，即实部和虚部均是四元数。DualE 方法的核心思想是基于对偶四元数的乘法运算规则，将关系普遍建模为一系列平移(翻译)和旋转操作的组合。

DualE 方法的主要优点如下[60]。

(1) 在三维空间中，它是第一个包含基于旋转模型和基于翻译模型的统一框架，如图 1.7 所示。

(2) 它将嵌入空间扩展到具有更直观的物理和几何解释的对偶四元数空间。

(3) 满足关系表示学习的关键模式(对称、反对称、逆和组合关系模式)和多关系模式(将关系多样化描述)。

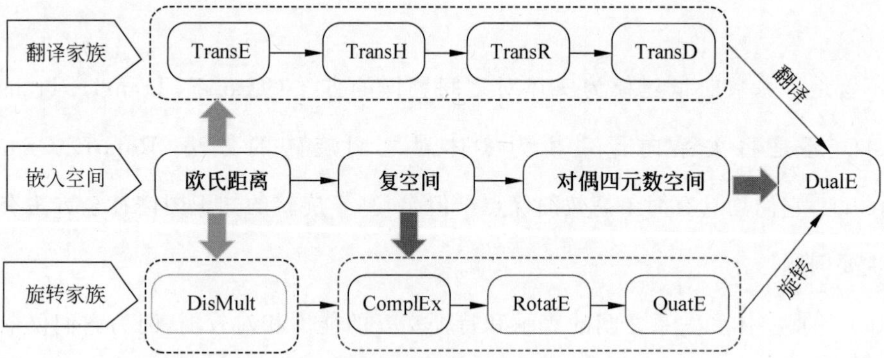

图 1.7 DualE 框架[60]

基于翻译或旋转的知识图谱补全方法使用向量的加法、减法或乘法运算进行关系建模，因此仅捕获实体间的线性关系，没有深层次地表示学习实体的属性特征[61]。

近年来，研究者已将深度神经网络的深层次表示学习的特性，应用于知识图谱补全任务，进而对知识图谱的实体进行深层次的表示学习。

1.3.3 基于卷积神经网络的知识图谱补全方法

TransE[43]、DistMult[55]、ComplEx[54]和 RotatE[56]等嵌入模型使用加法、减法或简单的乘法运算建模关系，仅能捕获实体间的线性关系[61]。由于卷积神经网络(Convolutional Neural Network，CNN)可用于深层次地表示学习属性特征，近年来已应用于知识图谱补全任务中。

Dettmers 等[62]于 2018 年提出了 ConvE 模型。它是 CNN 首次应用在知识图谱补全中的模型，该模型在嵌入和多层非线性特征上使用 2D 卷积将头部实体和关系重塑为 2D 矩阵建模实体和关系之间的交互，即 $\boldsymbol{M}_h \in \mathbb{R}^{d_w \times d_h}$ 和 $\boldsymbol{M}_r \in \mathbb{R}^{d_w \times d_h}$。ConvE 模型通过多层非线性特征学习并表达语义信息，但未考虑三元组全局信息。

为解决此问题，Nguyen 等[63]提出了 ConvKB 模型，该模型采用 CNN 编码实体和关系的级联，而无须重塑实体和关系。ConvKB 模型将三元组矩阵$[v_h, v_r, v_t]$作为输入，和不同滤波器进行卷积操作，通过打分函数得到每个三元组的得分，作为判断三元组正确的依据。与捕获局部关系的 ConvE 模型相比，ConvKB 模型保留了过渡特性并显示出更好的实验性能。

为生成 1D 关系特定的卷积滤波器，Balažević 等[64]提出 HypER 模型，该模型利用超网络 $\boldsymbol{H}$ 实现多任务知识共享，同时简化了 ConvE 模型的 2D 卷积操作。

大多数知识图谱嵌入模型，均可以对实体和关系的相同维度进行建模，从而捕获有关实体和关系的某些特定信息。但是，现有的嵌入模型没有采用“深度”架构对相同维度的三元组的属性进行建模[61]。

CapsNet[65]引入了胶囊网络，该网络使用胶囊捕获图像中的实体，然后使用路由指定从上一个胶囊到下一个胶囊的连接。因此，胶囊网络不仅可以基于统计信息提取特征，且可以对特征进行解释，从而摆脱卷积神经网络不具有辨别实体和关系的位置和方向的约束[61]。胶囊网络需要模型学习胶囊中的特征变量，并最大限度地保留有价值的信息。

与 CNN 相比，胶囊网络具有以下优势[65]。

(1) 在传统的 CNN 中，卷积层的每个值均是线性加权求和的结果。但对于胶囊网络，每个值是一个包含对象的方向、状态和其他特征的向量。因此，与神经元相比，胶囊在三元组嵌入中可以编码许多特征，更好地表示实体和关系。

(2) 由于 CNN 的每层均需要同样的卷积运算，则需要大量的网络数据学习模型。胶囊网络可以学习胶囊中的特征变量，并最大限度地保留有价值的信息。因此，它可以用较少的训练数据学习特征变量，并达到 CNN 的预期效果。

(3) CNN 在卷积过程中缺失很多信息，与 CNN 不同，胶囊网络中的每个胶囊将携带大量信息，这些信息将在整个网络中保存。

受文献[65]的启发，Vu 等[61]提出了 CapsE 模型，该模型将一个胶囊网络应用于知识图谱嵌入模型，以学习实体和关系的向量嵌入。CapsE 模型使用 TransE 训练的实体、关系嵌入作为胶囊网络输入，但在表征不同实体外部依赖关系方面表现力仍然较差。

近年来，四元数和神经网络的组合，受到越来越多的关注。其主要原因是四元数允许基于神经网络的模型，在学习过程中，使用比 CNN 更少的参数，编码输入特征组之间的潜在相互依存关系。

特别值得关注的是，四元数神经网络[66-68]、四元数卷积网络[69-70]、四元数递归神经网络[71]均已被用于解决挑战性任务，如图像和自然语言处理。

1.3.4 基于多跳关系推理的知识图谱补全方法

在某些基准测试中，对实体和关系的嵌入表示学习已获得了显著性能，但是它无法为复杂的关系路径建模。与基于 CNN 模型学习三元组表示相比，递归神经网络(Recursive Neural Network，RNN)可以捕获知识图谱中的长期关系依赖。Gardner 等[72]和 Neelakantan 等[73]分别提出了基于 RNN 的模型，以学习关系路径上没有实体信息和有实体信息的向量表示。随机游走推理已被广泛研究。例如，路径排序算法

(Path-Ranking Algorithm，PRA)[74]在路径约束的组合下选择关系路径，并进行最大似然分类。为了改善路径搜索，Gardner等[72]通过结合文本内容，在随机路径中引入向量空间相似性启发算法，以缓解PRA中的特征稀疏性问题。

研究者还研究了神经多跳关系路径建模。Neelakantan等[73]开发了RNN模型，通过递归应用组合来构建关系路径的含义。Das等[75]提出一种推理链(Chain-of-Reasoning)模型，该模型利用神经注意力机制，支持多跳关系推理。Chen等[76]提出一个统一的变分推理框架(DIVA)，该框架将多跳推理分为路径查找和路径推理两个子步骤。

近年来，研究者将深度强化学习(Deep Reinforcement Learning，DRL)引入多跳关系推理中，通过将实体对之间的路径发现描述为顺序决策，特别是马尔可夫决策过程(Markov Decision Process，MDP)。基于策略的强化学习(Reinforcement Learning，RL)智能体，通过知识图谱环境之间的交互学习，找到扩展推理路径的相关步骤，其中策略梯度用于训练RL智能体。Xiong等[77]提出了DeepPath模型，该模型首先将DRL应用于关系路径学习中，然后开发了一种新颖的奖励函数提高准确性、路径多样性和路径效率。DeepPath通过平移嵌入方法对连续空间中的状态进行编码，并将关系空间作为其动作空间。类似地，Das等[78]提出了MINERVA模型，该模型通过最大化期望的奖励，将到达正确答案实体的路径作为一个顺序优化问题，排除了目标答案实体，并提供了更强大的推理能力。与使用二进制(0或1)奖励函数不同，Multi-hop[79]方法使用一种软奖励机制，训练过程采用了Action Dropout掩盖一些输出边缘，以实现更有效的路径探索。

为克服奖励稀疏的问题，Shen等[80]开发了名为M-Walk的图行走智能体，它由RNN和蒙特卡洛树搜索(Monte Carlo Tree Search，MCTS)组成。M-Walk智能体中，RNN对状态(即行走路径的历史)进行编码，并将其分别映射到策略网络和Q值。为从稀疏奖励中有效地训练智能体，M-Walk将MCTS与神经策略相结合，生成更多正奖励的轨迹。

通过背景文本语料库对知识图谱中缺失的事实进行推理的一个关键挑战是，将从语料库中提取的“相关”事实过滤掉，以便在路径推理过程中保持有效的搜索空间。为此，Fu 等[81]提出了一个新的强化学习框架 CPL，联合训练两个协作智能体，即一个多跳推理智能体和一个事实提取智能体。事实提取智能体，从语料库生成事实三元组，以动态地丰富知识图谱；多跳推理智能体则向事实提取智能体提供反馈，并引导其有助于解释性推理。

1.3.5 基于群论的知识图谱补全方法

基于路径排序算法或深度强化学习的知识图谱补全方法，可以有效建模与推理多跳关系路径上的组合关系，但这些方法面对海量不完整的知识图谱是无能为力的。因此，最近研究者从群结构的角度出发，研究多跳关系路径上的组合关系建模问题。

群是抽象代数中定义的代数结构。先前的点空间(Point-Wise)建模是不适定的代数系统，其中计分方程的数量远远大于实体和关系的数量[82]。此外，即使在某些具有子空间投影的方法中，嵌入也被限制为超几何形状。为解决这些问题，Xiao 等[83]提出了 ManifoldE 嵌入模型，该模型将点空间嵌入(Point-Wise Embedding)扩展为基于流形嵌入(Manifold-Based Embedding)，并介绍了基于流形嵌入的两种设置，即 Sphere(球体)和 Hyperplane(超平面)。对于球体设置，使用再生核希尔伯特空间(Reproducing Kernel Hilbert Space)表示流形函数；引入另一个“超平面”设置，以增强 ManifoldE 模型的交互嵌入。ManifoldE[83]模型将实值点空间放宽为流形空间，从几何角度更具表现力。当流形函数和特定于关系的流形参数设置为零时，流形空间塌陷为一个点。

双曲空间是一个具有常负曲率($-c, c>0$)的多维 Riemannian 流形：$\mathbb{B}^{d,c}=\left\{x\in\mathbb{R}^d: \|x\|^2<\frac{1}{c}\right\}$。双曲空间由于具有捕获分层信息的能力而备受关注。Balazevic 等[84]提出了 MuRP 模型，将知识图谱中的多关系嵌入表示在双曲空间($\mathbb{B}_c^d=\{x\in\mathbb{R}^d: c\|x\|^2<1\}$)的 Poincaré 球中。然而，MuRP 模型无法捕获逻辑模式，并且受到恒定曲率的影响。为降低双曲空间的恒定曲率的影响，Chami 等[85]利用表达性双曲等距，学习双曲空间中特定于关系的绝对曲率 c_r，将双曲反射和旋转相结合建模复杂组合关系模式。

为解决 TransE[43]模型的正则化问题，Ebisu 等[86]提出了 TorusE 模型，该模型在一个紧凑的李群 n 维环面空间中嵌入实体和关系。在 TorusE 模型中，从实值向量空间到环面空间的投影定义为 $\pi: \mathbb{R}^n \to \mathbb{T}^n, \boldsymbol{x} \mapsto [\boldsymbol{x}]$，实体与关系的嵌入被定义为$[\boldsymbol{h}]$，$[\boldsymbol{r}]$，$[\boldsymbol{t}] \in \mathbb{T}^n$。与 TransE 模型相似，TorusE 模型在环面空间中也学习关系翻译后的嵌入，即$[\boldsymbol{h}]+[\boldsymbol{r}] \approx [\boldsymbol{t}]$。

虽然双线性知识图谱嵌入模型取得了成功，但忽视了组合关系的建模，导致知识图谱推理缺乏可解释性。为解决该问题，Xu 等[87]提出了 DihEdral 模型——一个保留二维多边形的二面体对称群模型。DihEdral 模型利用有限非阿贝尔群有效地保持对称/反对称、逆和组合关系模式与二面体群中的旋转和反射相关一致性。

知识图谱中的对称/反对称、逆、可交换组合/不可交换组合等关系模式，与群论中的概念（封闭性、结合律、幺元以及逆元等）具有自然的对应关系[88]。在知识图谱关系模式与群论自然对应的驱动下，Yang 等[89]提出了一个基于群论的知识图谱嵌入框架（即 NagE 模型），该模型首先尝试在关系旋转建模中应用非阿贝尔群。最近，DensE[90]模型利用增强型非阿贝尔群表示知识图谱嵌入，将每个关系分解为三维欧氏空间中基于 SO(3)群的旋转算子和缩放算子。

1.4 本书主要研究问题与研究内容

1.4.1 主要问题

依据前文研究现状分析，本书给出现有知识图谱补全方法 $m \in M$ 中主要存在的 4 个挑战问题，即

$$C = \bigcup_{i=1}^{4} C_i$$

挑战 C_1：模式三元组$\langle e, r, e' \rangle$中，实体 $e, e' \in E$ 间语义关系 $r \in R$ 缺失问题。知识图谱 KG=$\{E, R, F\}$中的关系 $r \in R$，应同时具有 4 种关系模式 $S=\{S_{\mathrm{sym}}, S_{\mathrm{antisym}},$

$S_{\mathrm{inv}}, S_{\mathrm{com}}\}$。一种合理的知识图谱补全方法 $m \in M$，应该能够同时建模上述所有 4 种关系模式。

(1) 对称模式 S_{sym}：若存在关系 $r: e \to e'$，则有关系 $r^{-1}: e' \to e$，使得 $r \equiv r^{-1}$，当且仅当 e, e' 的属性交集 $A^{e} \cap A^{e'} \neq \varnothing$。

(2) 反对称模式 S_{antisym}：若 $e \xrightarrow{r} e'$，则 $\nexists (r^{-1}: e' \to e)$，使得 $r \equiv r^{-1}$，当且仅当 e, e' 的属性交集 $A^{e} \cap A^{e'} \neq \varnothing$。

(3) 逆(反转)模式 S_{inv}：若存在下位关系(序关系$\prec$)$r_{\mathrm{sub}}: e \prec e'$，则有上位关系(序关系$\succ$)，使得 $r_{\mathrm{sup}}: e' \succ e$，当且仅当 $A^{e} \subset A^{e'}$。

(4) 组合模式 S_{com}：组合关系为 $r_c \in R_c \overset{\mathrm{def}}{=} \{\Rightarrow, \overset{-}{\Rightarrow}, \overset{+}{\Rightarrow}, \overset{\sim}{\Rightarrow}, \uplus, \Cap, \Lleftarrow, \vdash, \mapsto\}$。其中，$\Rightarrow$为“继承”，$\overset{-}{\Rightarrow}$为“剪裁”，$\overset{+}{\Rightarrow}$为“扩展”，$\overset{\sim}{\Rightarrow}$为“替换”，$\uplus$为“组合”，$\Cap$为“分解”，$\Lleftarrow$为“泛化”，$\vdash$为“特化”，$\mapsto$为“实例化”。

存在挑战 C_1 的主要原因是某种方法 m 的关系建模能力不足，或仅能建模部分关系模式，即 $S_m - S \neq \varnothing$，因而将导致实体 e 与 e' 间语义关系缺失。4 种关系模式举例如下。

对称关系模式：$r=$“是同学”，r(张三，李四)，同时 r^{-1}(李四，张三)，$r=r^{-1}$；

反对称关系模式：$r=$“是爸爸”，r(张三，李四)，不存在 r^{-1}(李四，张三)，$r \neq r^{-1}$；

逆关系模式：$e=$“花”，$e'=$“鲜花”，e 是 e' 的上位词 $e \succ e'$，e' 是 e 的下位词 $e' \prec e$；

组合关系模式：(爸爸的妻子是妈妈)$\Lleftarrow$(x 是爸爸的妻子)$\uplus$(x 是妈妈)。

挑战 C_2：属性三元组$\langle e, a_i^e, \mathrm{val}(a_i^e)\rangle$，$\langle e', a_j^{e'}, \mathrm{val}(a_j^{e'})\rangle$中，三元组属性 $a_i^e, a_j^{e'}$ 的语义信息 $\mathrm{val}(a_i^e)$，$\mathrm{val}(a_j^{e'})$的缺失问题。知识图谱补全方法 $m \in M$ 仅关注数据三元组的结构信息(模式 $S_m \subseteq S$)$S_m = \{\langle e, r, e'\rangle\}$，而不能深层次地挖掘事实三元组各特征维度 $a_i^e, a_j^{e'}$ 的属性信息 $\mathrm{val}(a_i^e)$，$\mathrm{val}(a_j^{e'})$，将导致事实三元组中关于属性语义信息的缺失。

例如，在知识图谱补全方法 m 仅关注三元组结构信息(模式 S_m)的情况下，事实陈述句“唐纳德·特朗普是美国第 45 任总统”，将被建模为一个其属性语义信息〈唐纳德·特朗普，总统，第 45 任〉缺失的模式三元组〈唐纳德·特朗普，总统，美国〉。

为解决挑战 C_2，许多研究者采用了卷积神经网络(CNN)补全知识图谱。但在CNN中，卷积层的每个值均是线性权重的总和，即标量；CNN每层均需要相同的卷积操作，需要大量网络数据学习特征；同时，CNN不断的池化也会缺失大量重要的特征信息，导致事实三元组语义信息缺失。

挑战 C_3：多跳关系路径上多跳组合关系建模不充分问题。捕获多跳关系路径上 $r_1 \to r_2 \to r_3 \to \cdots \to r_n$ 的复杂组合关系嵌入表示，是知识图谱补全中极为重要的任务。近年来，业界广泛研究了基于旋转的关系嵌入模型，以将组合关系嵌入复杂的向量空间中。但是，如何充分建模复杂组合关系具有一定的挑战性。因为，一般的组合关系是可交换的，即 $r_1 \wedge r_2 = r_2 \wedge r_1$；但部分组合关系是不可交换的，即 $r_1 \wedge r_2 \neq r_2 \wedge r_1$。

例如，在图1.8中，不可将关系 $r_1=$ isMotherOf 和关系 $r_2=$ isFatherOf 交换位置，否则，组合关系 $r_1 \wedge r_2=$ isGrandmotherOf 将会变成 $r_2 \wedge r_1=$ isGrandfatherOf。

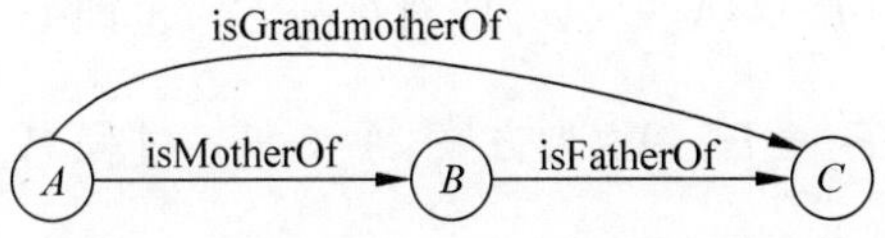

图1.8 组合关系 isGrandmotherOf

挑战 C_4：模式三元组 $\langle e,r,e' \rangle$ 中实体 e,e' 和关系 r 之间的特征交互 $\text{int}^f_{\langle e,r,e' \rangle}$（动态建模一对多、多对一和多对多等复杂关系）薄弱问题。令特征 $f=\{1:n, n:1, m:n\}$，则有

$$\text{int}^{1:n}_{\langle e,r,e' \rangle} = \left\{ \langle e,r,e'_i \rangle \mid e' = \bigcup_{i=1}^{n} e'_i : (e \in E \wedge e' \subseteq E) \Leftrightarrow (|e|=1 \wedge |e'|>1) \right\}$$

$$\text{int}^{n:1}_{\langle e,r,e' \rangle} = \left\{ \langle e_i,r,e' \rangle \mid e = \bigcup_{i=1}^{n} e_i : (e \subseteq E \wedge e' \in E) \Leftrightarrow (|e|>1 \wedge |e'|=1) \right\}$$

$$\text{int}^{m:n}_{\langle e,r,e' \rangle} = \left\{ \langle e_i,r,e'_j \rangle \left| \begin{array}{l} e = \bigcup_{i=1}^{m} e_i, \\ e' = \bigcup_{j=1}^{n} e'_j \end{array} \right. : \begin{array}{c} (e \subseteq E \wedge e' \subseteq E) \\ \Leftrightarrow (|e|>1 \wedge |e'|>1) \end{array} \right\}$$

近年来，知识图谱补全研究的最新进展集中体现在知识表示学习(Knowledge Representation Learning，KRL)和知识图谱嵌入(Knowledge Graph Embedding，KGE)这两方面，方法是将实体和关系映射到低维向量中，同时捕获它们的线性语义信息。

最近研究工作表明，研究者们已不再仅仅只关注实体 $e,e'\in E$ 与关系 $r\in R$ 之间的线性建模(Linear Modeling)(线性模型可以描述为 $\boldsymbol{Y}=\boldsymbol{X\beta}+\boldsymbol{\varepsilon}$，其中，$\boldsymbol{Y}$ 是可观测随机变量的 $n\times 1$ 向量，$\boldsymbol{X}$ 是已知值的 $n\times p$ 矩阵，$\boldsymbol{\beta}$ 是固定但未知系数的 $p\times 1$ 向量，$\boldsymbol{\varepsilon}$ 是不可观测随机误差的 $n\times 1$ 向量)，这是因为在捕捉实体与关系之间的表示和特征交互方面薄弱时，线性建模将会导致知识图谱补全模型 m 的表达能力不足，因而不能动态构造一对多、多对一和多对多等复杂关系，导致 m 缺失了实体 e,e' 和关系 r 之间的复杂语义联系。

针对上述 4 个挑战，本书以海量不完整的知识图谱为研究背景，立足于国家发展战略，结合四元数 $\mathcal{Q}$、四元数群 $\mathcal{G}^{\mathcal{Q}}$、动态对偶四元数 $\mathcal{D}^{\mathcal{Q}}$ 以及胶囊网络 $\mathcal{N}^{\mathrm{cap}}$ 等知识，探索有效的知识图谱补全方法和相关关键技术，研究知识图谱补全机理：

$$\mathfrak{M}=\{m_i \mid m_i \stackrel{\mathrm{def}}{=} C_i \lhd (F_i \mapsto A_i \mapsto A_i^{\tau}):\ \mathcal{Q},\mathcal{G}^{\mathcal{Q}},\mathcal{D}^{\mathcal{Q}},\mathcal{N}^{\mathrm{cap}}\}$$

其中，算子 $\lhd$ 表示用策略 $(F_i \mapsto A_i \mapsto A_i^{\tau})$ 应对挑战 C_i，也即 $C_i \lhd (F_i \mapsto A_i \mapsto A_i^{\tau})$ 构成了方法 m_i。F_i 为途径，$F_i\in F$；A_i 为方案，$A_i\in A$；过程 $A_{ij}\in A_i^{\tau}=\bigcup_j A_{ij}$，过程子集 $A_i^{\tau}\subseteq A^{\tau}$。

$\mathfrak{M}$ 解决的问题集为

$$P=\{P_1,P_2,P_3\}$$

其中，$P_1\stackrel{\mathrm{def}}{=}C_1\wedge C_2$；$P_2\stackrel{\mathrm{def}}{=}C_3$；$P_3\stackrel{\mathrm{def}}{=}C_4$。

本书主要研究问题的层级体系与结构关系如图 1.9 所示。其中：

(1) 研究的问题集为 $P=\bigcup_{i=1}^{3}P_i$，P 的约束集为挑战集 $C=\bigcup_{i=1}^{4}C_i$；

(2) 问题集 P 在约束集 C 下的解决途径集为 $F=\bigcup_{i=1}^{4}F_i$；

(3) 解决方案集 $A=F(C)=\bigcup_{i=1}^{4}A_i$ 为 P 在约束集 C 下的解决途径集 F 的实现；

(4) 过程集 A^{τ} 是解决方案集 A 的细化。

1.4.2 研究内容

本书主要研究内容是，分别针对知识图谱补全方法中存在的实体间语义关系缺失

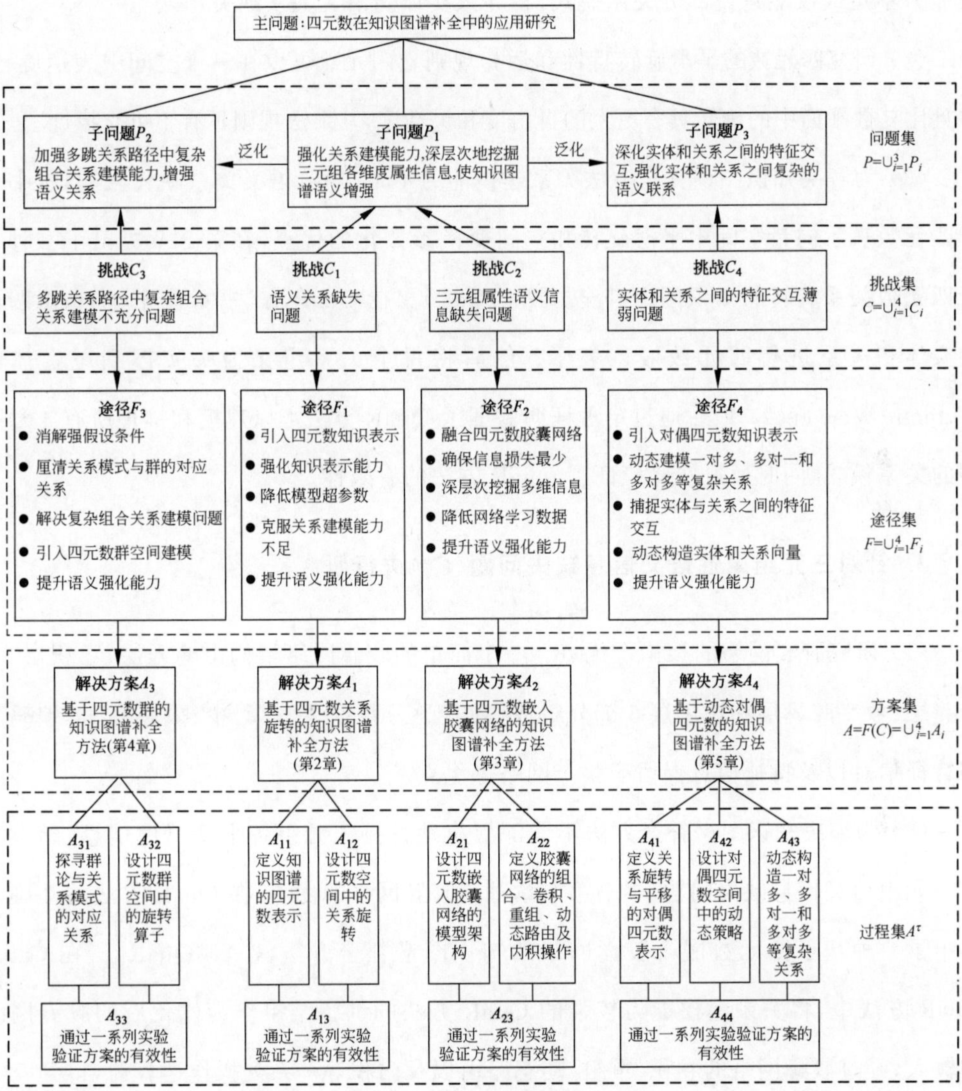

图 1.9 研究问题的层级体系与结构关系

问题(C_1)、三元组属性语义信息缺失问题(C_2)、多跳关系路径中复杂组合关系建模不充分问题(C_3)以及实体和关系之间的特征交互薄弱问题(C_4)进行系统性的研究,具体如下。

1. 针对实体间语义关系缺失问题(C_1)进行研究

(1) 研究知识图谱的关系模式。知识图谱具有对称、反对称、逆、组合等 4 种关系模式,一种合理的知识图谱补全方法应可以建模所有 4 种关系模式。这是因为关系建模能力不足或仅能建模部分关系模式，将导致实体间语义关系缺失。

（2）研究四元数的平滑旋转特性和运算规则。四元数可以在三维空间中表达旋转，并且比复数平面中的旋转具有更大的自由度和灵活度，其乘法规则具有不可交换性。

（3）为解决知识图谱补全方法关系建模能力不足，导致语义关系缺失问题，本书基于四元数表示向量空间中平滑旋转和空间变换参数化的优点，在第 2 章提出了一种基于四元数关系旋转的知识图谱补全方法（QuaR）。在 QuaR 方法中，首先，将知识图谱的实体和关系进行四元数嵌入表示；然后将每个关系定义为头实体到尾实体的 Element-Wise 旋转；最后通过定理证明验证了 QuaR 方法可以建模和推理所有 4 种类型的关系模式，同时通过实验验证了 QuaR 方法的有效性。

2. 针对三元组属性语义信息缺失问题（C_2）进行研究

（1）研究胶囊网络的架构及优点。一个简单的胶囊网络架构由输入层、卷积层、主胶囊层、数字胶囊层和输出层 5 部分组成，具有学习数据少、耗时少、效率高、可编码更多特征信息以及特征信息保留于整个网络等优点。

（2）为解决知识图谱补全方法不能深层次地挖掘三元组各维度属性信息，导致事实三元组语义信息缺失问题，本书第 3 章基于胶囊网络的优点，在 QuaR 方法的基础上提出了一种基于四元数嵌入胶囊网络的知识图谱补全方法（CapS-QuaR）。在 CapS-QuaR 方法中，将关系建模能力较强的 QuaR 方法的训练结果作为优化后的胶囊网络的输入，经过胶囊网络的卷积、重组、动态路由以及内积等一系列操作运算后，得到三元组得分，判断三元组正确与否，进而补全知识图谱。实验结果表明，本书提出的 CapS-QuaR 方法相比于同类方法，具有较好性能且结果精度高。

3. 针对多跳组合关系建模不充分问题（C_3）进行研究

（1）研究群论和关系模式的对应关系。首先，总结知识图谱中对称、反对称、逆、可交换的组合以及不可交换的组合等关系模式与群论中的二元运算、阿贝尔群、非阿贝尔群等概念的对应关系；然后给出四元群的相关定义；最后证明四元数群是非阿贝尔群。

（2）研究知识图谱中多跳内可推断的复杂组合关系的建模问题。与一跳内可推断的对称、反对称、逆等原子关系模式相比，复杂组合关系的建模具有特殊的挑战性，需兼顾可交换/不可交换的组合关系建模。

（3）为解决多跳组合关系建模不充分，导致部分组合关系的语义信息缺失问题，本书第4章基于群论和关系模式的对应关系，利用四元数群的特性，提出一种基于四元数群的知识图谱补全方法（QuatGE）。在 QuatGE 方法中，使用 Axis-Angle 表示法在基于四元数群的空间中对关系的旋转操作进行建模。实验结果表明，本书提出的 QuatGE 方法相比于同类方法，提高了链接预测任务的结果精度，尤其在建模组合关系模式方面。

4. 针对实体和关系之间的特征交互薄弱问题（C_4）进行研究

（1）研究对偶四元数表示空间旋转与平移的机理。对偶四元数的对偶部分可以由代表旋转的单位四元数和代表平移的纯四元数构成，因此对偶四元数可以表示空间任意旋转和平移。

（2）为解决实体与关系之间的表示和特征交互薄弱，不能动态构造一对多、多对一和多对多等关系类型，导致实体和关系之间的语义联系缺失问题，本书第5章结合对偶四元数可以表示空间任意旋转与平移的优点，提出了一种基于动态对偶四元数的知识图谱补全方法（DualDE）。在 DualDE 方法中，首先定义知识图谱中关系旋转与平移的对偶四元数表示；然后设计对偶四元数空间中的动态策略；最后使用动态映射机制构造实体转移向量和关系转移向量，并根据对偶四元数乘法规则不断调整实体向量在对偶四元数空间中的嵌入位置，动态构造一对多、多对一和多对多等复杂关系，增强了三元组元素之间的特征交互能力。实验结果表明，本书提出的 DualDE 方法相比于同类方法，提升了实验精度，尤其在建模一对多、多对一和多对多等复杂关系类型方面。

1.5 本书内容组织

本书主要针对四元数驱动的知识图谱补全方法进行研究，核心研究内容包括基于四元数关系旋转的知识图谱补全方法、基于四元数嵌入胶囊网络的知识图谱补全方法、基于四元数群的知识图谱补全方法、基于动态对偶四元数的知识图谱补全方法。

本书共分为 6 章,对核心研究内容进行详细的论述,各章节具体内容安排如下。

第 1 章为绪论,详细阐述本书的研究背景与意义,分析相关工作的国内外研究现状,引出论题并阐述本书主要研究问题与研究内容。

第 2 章和第 3 章研究基于四元数嵌入的知识图谱补全方法。首先,研究分析知识图谱的关系模式、四元数的特性与优点以及胶囊网络的架构与优点;其次,为解决知识图谱补全方法关系建模能力不足,导致实体间语义关系缺失问题,提出了一种基于四元数关系旋转的知识图谱补全方法;再次,为解决知识图谱补全方法不能深层次地挖掘三元组各维度属性信息,导致事实三元组语义信息缺失问题,在基于四元数关系旋转的知识图谱补全方法的基础上提出一种基于四元数嵌入胶囊网络的知识图谱补全方法;最后,通过一系列实验验证所提出补全方法的有效性。

第 4 章研究基于四元数群的知识图谱补全方法。首先,定义知识图谱中的组合关系,阐述群论和知识图谱关系模式的对应关系,给出四元数群的相关定义、定理;其次,为解决知识图谱补全方法对多跳关系路径中复杂组合关系建模不充分,导致部分组合关系语义缺失的问题,提出一种基于四元数群的知识图谱补全方法;最后,通过一系列实验与结果分析验证所提出补全方法的有效性,尤其在建模组合关系模式方面。

第 5 章研究基于动态对偶四元数的知识图谱补全方法。首先,阐述对偶数、对偶四元数的相关定义,研究分析对偶四元数表示空间旋转与平移的机理;其次,为解决知识图谱补全方法只关注实体与关系之间的线性关系,实体和关系之间的特征交互薄弱,导致不能动态构造一对多、多对一和多对多等复杂关系,缺失实体和关系之间复杂的语义联系的问题,提出一种基于动态对偶四元数的知识图谱补全方法;最后,通过一系列实验与结果分析验证所提出补全方法的有效性,尤其在建模一对多、多对一和多对多等复杂关系类型方面。

第 6 章对本书提出的知识图谱补全方法进行比较分析,对本书的研究内容进行总结,最后对知识图谱补全方法的发展趋势进行展望。

本章小结

本章详细阐述了知识图谱的定义与分类、知识图谱补全的定义与分类、知识图谱补全的研究背景与意义，分析了知识图谱补全的国内外研究现状，引出论题并阐述了本书主要研究问题与研究内容。

参考文献

[1] Fensel D，Şimşek U，Angele K，et al. Introduction：What is a Knowledge Graph？[M]//Knowledge Graphs. Cham：Springer，2020：1-10.

[2] Singhal A. Official Google Blog：Introducing the Knowledge Graph：Things，Not Strings[EB/OL]. [2024-05-24]. www. googleblog. blogspot. pt/2012/05/introducing-knowledge-graph-things-not. html.

[3] 王萌，王靖婷，江胤霖，等. 人机混合的知识图谱主动搜索[J]. 计算机研究与发展，2020，57(12)：2501-2513.

[4] Zamansky A，Sinitca A，van der Linden D，et al. Automatic Animal Behavior Analysis：Opportunities for Combining Knowledge Representation with Machine Learning[J]. Procedia Computer Science，2021，186：661-668.

[5] Arsovski S，Osipyan H，Oladele M I，et al. Automatic Knowledge Extraction of Any Chatbot from Conversation[J]. Expert Systems with Applications，2019，137：343-348.

[6] 刘焕勇，薛云志，李瑞，等. 面向开放文本的逻辑推理知识抽取与事件影响推理探索[J]. 中文信息学报，2021，35(10)：56-63.

[7] Yu C J，Li S，Ghista D，et al. Multi-level Multi-type Self-Generated Knowledge Fusion for Cardiac Ultrasound Segmentation[J]. Information Fusion，2023，92(c)：1-12.

[8] 孙亚伟，程龚，厉肖，等. 基于图匹配网络的可解释知识图谱复杂问答方法[J]. 计算机研究与发展，2021，58(12)：2673-2683.

[9] 陈跃鹤，贾永辉，谈川源，等. 基于知识图谱全局和局部特征的复杂问答方法[J]. 软件学报，2023，34(12)：5614-5628.

[10] 宁原隆，周刚，卢记仓，等. 一种融合关系路径与实体描述信息的知识图谱表示学习方法[J]. 计算机研究与发展，2022，59(9)：1966-1979.

[11] Chen X, Jia S, Xiang Y. A Review: Knowledge Reasoning over Knowledge Graph[J]. Expert Systems with Applications, 2020, 141: 112948.

[12] Li D, Madden A. Cascade Embedding Model for Knowledge Graph Inference and Retrieval[J]. Information Processing & Management, 2019, 56(6): 102093.

[13] Bounhas I, Soudani N, Slimani Y. Building a Morpho-semantic Knowledge Graph for Arabic Information Retrieval[J]. Information Processing & Management, 2020, 57(6): 102124.

[14] 国务院. 国务院关于印发新一代人工智能发展规划的通知[EB/OL]. (2017-07-20). [2024-05-24]. https://www.gov.cn/zhengce/content/2017-07/20/content_5211996.htm.

[15] Pan J Z. Resource Description Framework[M]//Handbook on Ontologies Cham: Springer, 2009: 71-90.

[16] 邹磊. 浅谈知识图谱数据管理[EB/OL]. (2017-03-08). [2024-05-24]. https://mp.weixin.qq.com/s?__biz=MzI0NDM2MTI3MA==&mid=2247484077&idx=1&sn=fd2918e7990f83e98ff0e38085ac61a3&chksm=e95fb3f4de283ae2acfa382d57db46a6a3e9b1b3da662e0cd9b98f9d6d0c322a9dee465abc84&scene=27.

[17] Bollacker K, Evans C, Paritosh P, et al. Freebase: A Collaboratively Created Graph Database for Structuring Human Knowledge[C]//Proceedings of the 2008 ACM SIGMOD International Conference on Management of Data. ACM, 2008: 1247-1250.

[18] Miller G A. WordNet: A Lexical Database for English[J]. Communications of the ACM, 1995, 38(11): 39-41.

[19] Bizer C, Lehmann J, Kobilarov G, et al. DBpedia-A Crystallization Point for the Web of Data[J]. Web Semantics: Science, Services and Agents on the World Wide Web, 2009, 7(3): 154-165.

[20] Rebele T, Suchanek F, Hoffart J, et al. YAGO: A Multilingual Knowledge Base from Wikipedia, Wordnet, and Geonames[C]//Proceedings of International Semantic Web Conference. Springer, Cham, 2016: 177-185.

[21] Carlson A, Betteridge J, Kisiel B, et al. Toward an Architecture for Never-Ending Language Learning[C]//Proceedings of the 24th AAAI Conference on Artificial Intelligence. 2010: 1306-1313.

[22] 张博尧, 曹荣强, 万萌, 等. 垂直领域知识图谱构建及应用平台的设计与实现[J]. 数据与计算发展前沿, 2023, 5(3): 111-122.

[23] Steiner T, Verborgh R, Troncy R, et al. Adding Realtime coverage to the Google Knowledge Graph[C]//Proceedings of the 11th International Semantic Web Conference. Citeseer, 2012, 914: 65-68.

[24] Xu B, Xu Y, Liang J, et al. CN-DBpedia: A Never-Ending Chinese Knowledge Extraction System[C]//Proceedings of the International Conference on Industrial, Engineering and Other Applications of Applied Intelligent Systems. Springer, Cham, 2017: 428-438.

[25] Niu X, Sun X, Wang H, et al. Zhishi.me-Weaving Chinese Linking Open Data[C]//Proceedings

of the International Semantic Web Conference. Springer, Berlin, Heidelberg, 2011: 205-220.

[26] Ahlers D. Assessment of the Accuracy of GeoNames Gazetteer Data[C]//Proceedings of the 7th Workshop on Geographic Information Retrieval. 2013: 74-81.

[27] Jain A, Jain V. Effect of Activation Functions on Deep Learning Algorithms Performance for IMDB Movie Review Analysis [C]//Proceedings of International Conference on Artificial Intelligence and Applications. Springer, Singapore, 2021: 489-497.

[28] Wang Y, Horvát E Á. Gender Differences in the Global Music Industry: Evidence from Musicbrainz and the Echo Nest[C]//Proceedings of the International AAAI Conference on Web and Social Media. 2019, 13: 517-526.

[29] Speer R, Havasi C. ConceptNet 5: A Large Semantic Network for Relational Knowledge[M]//The People's Web Meets NLP. Springer, Berlin, Heidelberg, 2013: 161-176.

[30] Bounhas I, Soudani N, Slimani Y. Building a Morpho-Semantic Knowledge Graph for Arabic Information Retrieval[J]. Information Processing & Management, 2020, 57(6): 102124.

[31] 高龙，张涵初，杨亮. 基于知识图谱与语义计算的智能信息搜索技术研究[J]. 情报理论与实践，2018，41(7)：42-47.

[32] Li D, Madden A. Cascade Embedding Model for Knowledge Graph Inference and Retrieval[J]. Information Processing & Management, 2019, 56(6): 102093.

[33] Tong P, Zhang Q, Yao J. Leveraging Domain Context for Question Answering over Knowledge graph[J]. Data Science and Engineering, 2019, 4(4): 323-335.

[34] 王鑫，邹磊，王朝坤，等. 知识图谱数据管理研究综述[J]. 软件学报，2019，30(7)：2139-2174.

[35] 漆桂林，欧阳丹彤，李涓子. 本体工程与知识图谱专题前言[J]. 软件学报，2018，29(10)：2897-2898.

[36] 郭贤伟，赖华，余正涛，等. 融合情绪知识的案件微博评论情绪分类[J]. 计算机学报，2021，44(3)：564-578.

[37] 郭晓旺，夏鸿斌，刘渊. 融合知识图谱与图卷积网络的混合推荐模型[J]. 计算机科学与探索：2022，16(6)：1343-1353.

[38] 阳德青，夏西，叶琳，等. 知识驱动的推荐系统：现状与展望[J]. 信息安全学报，2021，6(5)：35-51.

[39] 李叶叶，李贺，沈旺，等. 基于多源异构数据挖掘的在线评论知识图谱构建[J]. 情报科学，2022，40(2)：65-73+98.

[40] 漆桂林，高桓，吴天星. 知识图谱研究进展[J]. 情报工程，2017，3(1)：4-25.

[41] Dong X, Gabrilovich E, Heitz G, et al. Knowledge Vault: A Web-Scale Approach to Probabilistic Knowledge Fusion[C]//Proceedings of the 20th ACM SIGKDD International Conference on Knowledge Discovery and Data Mining. 2014: 601-610.

[42] Shi B, Weninger T. Open-World Knowledge Graph Completion[C]//Proceedings of the 32nd AAAI Conference on Artificial Intelligence. 2018: 1957-1964.

[43] Bordes A, Usunier N, Garcia-Duran A, et al. Translating Embeddings for Modeling

Multirelational Data[J]. Advances in Neural Information Processing Systems, 2013: 2787-2795.

[44] Wang Z, Zhang J, Feng J, et al. Knowledge Graph Embedding by Translating on Hyperplanes [C]//Proceedings of the AAAI Conference on Artificial Intelligence. 2014: 1112-1119.

[45] Lin Y, Liu Z, Sun M, et al. Learning Entity and Relation Embeddings for Knowledge Graph Completion[C]//Proceedings of the AAAI Conference on Artificial Intelligence. 2015: 2181-2187.

[46] Ji G, He S, Xu L, et al. Knowledge Graph Embedding via Dynamic Mapping Matrix[C]//Processing of the ACL. Stroudsburg, PA: ACL, 2015: 687-696.

[47] Xiao H, Huang M, Hao Y, et al. TransA: An Adaptive Approach for Knowledge Graph Embedding[C]//Proceedings of the 29th AAAI Conference on Artificial Intelligence. 2015.

[48] Xiao H, Huang M, Zhu X. TransG: A Generative Model for Knowledge Graph Embedding [C]//Proceedings of the 54th Annual Meeting of the Association for Computational Linguistics (Volume 1: Long Papers). 2016.

[49] Nguyen D Q, Sirts K, Qu L, et al. STransE: A Novel Embedding Model of Entities and Relationships in Knowledge Bases[C]//Proceedings of NAACL-HLT. 2016: 460-466.

[50] Feng J, Huang M, Wang M, et al. Knowledge Graph Embedding by Flexible Translation[C]//Proceedings of the 15th International Conference on Principles of Knowledge Representation and Reasoning. 2016: 557-560.

[51] Xie Q, Ma X, Dai Z, et al. An Interpretable Knowledge Transfer Model for Knowledge Base Completion[C]//Proceedings of the 55th Annual Meeting of the Association for Computational Linguistics (Volume 1: Long Papers). 2017: 950-962.

[52] Qian W, Fu C, Zhu Y, et al. Translating Embeddings for Knowledge Graph Completion with Relation Attention Mechanism[C]//Proceedings of International Joint Conference on Artificial Intelligence. 2018: 4286-4292.

[53] Yang S, Tian J, Zhang H, et al. TransMS: Knowledge Graph Embedding for Complex Relations by Multidirectional Semantics[C]//Proceedings of International Joint Conference on Artificial Intelligence. 2019: 1935-1942.

[54] Trouillon T, Welbl J, Riedel S, et al. Complex Embeddings for Simple Link Prediction[C]//Proceedings of the International Conference on Machine Learning. PMLR, 2016: 2071-2080.

[55] Yang B, Yih W, He X, et al. Embedding Entities and Relations for Learning and Inference in Knowledge Bases [C]//Proceedings of the 3rd International Conference on Learning Representations. 2015.

[56] Sun Z, Deng Z H, Nie J Y, et al. Rotate: Knowledge Graph Embedding by Relational Rotation in Complex Space[C]//Proceedings of International Conference on Learning Representations. 2019.

[57] Zhang S, Tay Y, Yao L, et al. Quaternion Knowledge Graph Embeddings[J]. Advances in Neural Information Processing Systems, 2019: 2731-2741.

[58] Gao C, Sun C, Shan L, et al. Rotate3D: Representing Relations as Rotations in Three-

Dimensional Space for Knowledge Graph Embedding[C]//Proceedings of the 29th ACM International Conference on Information & Knowledge Management. 2020: 385-394.

[59] Gao H P, Yang K, Yang Y X. QuatDE: Dynamic Quaternion Embedding for Knowledge Graph Completion[OL]. [2024-05-24]. https://doi.org/10.48550/arXiv.2105.09002.

[60] Cao Z, Xu Q, Yang Z, et al. Dual Quaternion Knowledge Graph Embeddings[C]//Proceedings of the AAAI Conference on Artificial Intelligence. 2021, 35: 6894-6902.

[61] Vu T, Nguyen T D, Nguyen D Q, et al. A Capsule Network-Based Embedding Model for Knowledge Graph Completion and Search Personalization[C]//Proceedings of the 2019 Conference of the North American Chapter of the Association for Computational Linguistics: Human Language Technologies, Volume 1 (Long and Short Papers). 2019: 2180-2189.

[62] Dettmers T, Minervini P, Stenetorp P, et al. Convolutional 2D Knowledge Graph Embeddings [C]//Proceedings of the AAAI Conference on Artificial Intelligence. 2018: 1811-1818.

[63] Nguyen D Q, Nguyen T D, Nguyen D Q, et al. A Novel Embedding Model for Knowledge Base Completion Based on Convolutional Neural Network[C]//Proceedings of the North American Chapter of the Association for Computational Linguistics: Human Language Technologies. 2018: 327-333.

[64] Balažević I, Allen C, Hospedales T M. Hypernetwork Knowledge Graph Embeddings[C]//Proceedings of International Conference on Artificial Neural Networks. Springer, Cham, 2019: 553-565.

[65] Sabour S, Frosst N, Hinton G E. Dynamic Routing Between Capsules[J]. Advances in Neural Information Processing Systems, 2017: 3856-3866.

[66] Parcollet T, Morchid M, Linarès G. A Survey of Quaternion Neural Networks[J]. Artificial Intelligence Review, 2020, 53(4): 2957-2982.

[67] Vecchi R, Scardapane S, Comminiello D, et al. Compressing Deep-Quaternion Neural Networks with Targeted Regularisation[J]. CAAI Transactions on Intelligence Technology, 2020, 5(3): 172-176.

[68] Kinugawa K, Shang F, Usami N, et al. Isotropization of Quaternion-Neural-Network-Based Polsar Adaptive Land Classification in Poincare-Sphere Parameter Space[J]. IEEE Geoscience and Remote Sensing Letters, 2018, 15(8): 1234-1238.

[69] Yin Q, Wang J, Luo X, et al. Quaternion Convolutional Neural Network for Color Image Classification and Forensics[J]. IEEE Access, 2019, 7: 20293-20301.

[70] Zhou Y, Jin L, Liu H, et al. Color Facial Expression Recognition by Quaternion Convolutional Neural Network with Gabor Attention[J]. IEEE Transactions on Cognitive and Developmental Systems, 2021, 13(4): 969-983.

[71] Liu Y, Zheng Y, Lu J, et al. Constrained Quaternion-Variable Convex Optimization: A Quaternion-Valued Recurrent Neural Network Approach[J]. IEEE Transactions on Neural Networks and Learning Systems, 2019, 31(3): 1022-1035.

[72] Gardner M, Talukdar P, Krishnamurthy J, et al. Incorporating Vector Space Similarity in Random Walk Inference over Knowledge Bases[C]//Proceedings of the 2014 Conference on Empirical Methods in Natural Language Processing (EMNLP). 2014: 397-406.

[73] Neelakantan A, Roth B, McCallum A. Compositional Vector Space Models for Knowledge Base Completion[C]//Proceedings of the 53rd Annual Meeting of the Association for Computational Linguistics and the 7th International Joint Conference on Natural Language Processing of the Asian Federation of Natural Language Processing. 2015: 156-166.

[74] Lao N, Cohen W W. Relational Retrieval Using a Combination of Path-Constrained Random Walks[J]. Machine Learning, 2010, 81(1): 53-67.

[75] Das R, Neelakantan A, Belanger D, et al. Chains of Reasoning over Entities, Relations, and Text Using Recurrent Neural Networks[C]//Proceedings of 15th Conference of the European Chapter of the Association for Computational Linguistics. 2017: 132-141.

[76] Chen W, Xiong W, Yan X, et al. Variational Knowledge Graph Reasoning[C]//Proceedings of the North American Chapter of the Association for Computational Linguistics. 2018: 1823-1832.

[77] Xiong W, Hoang T, Wang W Y. Deeppath: A Reinforcement Learning Method for Knowledge Graph Reasoning[C]//Proceedings of the 2017 Conference on Empirical Methods in Natural Language Processing (EMNLP). 2017: 564-573.

[78] Das R, Dhuliawala S, Zaheer M, et al. Go for a Walk and Arrive at the Answer: Reasoning over Paths in Knowledge Bases Using Reinforcement Learning[C]//Proceedings of International Conference on Learning Representations. 2018: 1-18.

[79] Lin X V, Socher R, Xiong C. Multi-hop Knowledge Graph Reasoning with Reward Shaping [C]//Proceedings of the 2018 Conference on Empirical Methods in Natural Language Processing(EMNLP). 2018: 3243-3253.

[80] Shen Y, Chen J, Huang P S, et al. M-Walk: Learning to Walk over Graphs Using Monte Carlo Tree Search[C]//Proceedings of 32nd Conference on Neural Information Processing Systems. Montréal, Canada. 2018: 6786-6797.

[81] Fu C, Chen T, Qu M, et al. Collaborative Policy Learning for Open Knowledge Graph Reasoning [C]//Proceedings of the 2019 Conference on Empirical Methods in Natural Language Processing (EMNLP). 2019: 2672-2681.

[82] Ji S, Pan S, Cambria E, et al. A Survey on Knowledge Graphs: Representation, Acquisition, and Applications[J]. IEEE Transactions on Neural Networks and Learning Systems, 2022, 2: 494-514.

[83] Xiao H, Huang M, Hao Y, et al. From One Point to a Manifold: Orbit Models for Knowledge Graph Embedding[C]//Proceedings of International Joint Conference on Artificial Intelligence. 2016: 1315-1321.

[84] Balazevic I, Allen C, Hospedales T. Multi-relational Poincaré Graph Embeddings[J]. Advances

in Neural Information Processing Systems, 2019, 32: 4463-4473.

[85] Chami I, Wolf A, Juan D C, et al. Low-Dimensional Hyperbolic Knowledge Graph Embeddings [C]//Proceedings of the 58th Annual Meeting of the Association for Computational Linguistics. 2020: 6901-6914.

[86] Ebisu T, Ichise R. TorusE: Knowledge Graph Embedding on a Lie Group[C]//Proceedings of the AAAI Conference on Artificial Intelligence. 2018: 1819-1826.

[87] Xu C, Li R. Relation Embedding with Dihedral Group in Knowledge Graph[C]//Proceedings of the ACL Conference on Computation and Language. 2019: 263-272.

[88] Cai C, Cai Y, Sun M, et al. Group Representation Theory for Knowledge Graph Embedding [C]//Proceedings of the 33rd Conference on Neural Information Processing Systems (NeurIPS 2019). 2019.

[89] Yang T, Sha L, Hong P. NagE: Non-abelian Group Embedding for Knowledge Graphs[C]//Proceedings of the 29th ACM International Conference on Information & Knowledge Management. 2020: 1735-1742.

[90] Lu H, Hu H, Lin X. DensE: An Enhanced Non-commutative Representation for Knowledge Graph Embedding with Adaptive Semantic Hierarchy [J]. Neurocomputing, 2022, 476: 115-125.

第2章

基于四元数关系旋转的知识图谱补全方法

知识图谱补全是实现知识图谱完备化的必备机制。知识图谱中的关系具有对称、反对称、逆、组合等 4 种模式,一种合理的知识图谱补全方法应可以建模所有 4 种关系模式。关系建模能力不足或仅能建模部分关系模式,将引起实体间语义关系缺失问题(C_1)。

针对上述问题(C_1),本章利用四元数表示非常适合于向量空间中平滑旋转以及空间变换参数化的优点,提出一种基于四元数关系旋转的知识图谱补全方法,被命名为 QuaR。

2.1 理论基础

在介绍 QuaR 方法前,本节首先介绍知识图谱的关系模式、复数乘法的几何意义、四元数及其性质以及四元数旋转算子等理论基础。

2.1.1 知识图谱的关系模式

知识图谱是由许多事实三元组构成的集合,每个事实三元组(头实体,关系,尾实体)由头实体、尾实体以及它们之间的关系组成。知识图谱中的关系模式可分为对称、反对称、逆、组合 4 种类型,本书分别给出它们的定义,具体如下。

定义 2.1(对称关系):若知识图谱中任意的 e_i 和 e_j 实体,有 $r(e_i,e_j)\Rightarrow r(e_j,e_i)$ 成立,则关系 r 是对称关系(Symmetry)。

定义 2.2(反对称关系):若知识图谱中任意的 e_i 和 e_j 实体,有 $r(e_i,e_j)\Rightarrow \neg r(e_j,e_i)$ 成立,则关系 r 是反对称关系(Anti-symmetry)。

定义 2.3(逆关系):若知识图谱中任意的 e_i 和 e_j 实体,有 $r_1(e_i,e_j)\Rightarrow r_2(e_j,e_i)$ 或 $r_2(e_i,e_j)\Rightarrow r_1(e_j,e_i)$ 成立,则关系 r_1 是关系 r_2 的逆关系(Inversion)。

定义 2.4(组合关系):若知识图谱中任意的 e_i、e_j 和 e_k 实体,有 $r_1(e_i,e_j)\wedge r_2(e_j,e_k)\Rightarrow r_3(e_i,e_k)$ 成立,则关系 r_3 是关系 r_1 和关系 r_2 的组合关系(Composition)。

上述定义中的 e_i、e_j 和 e_k 表示知识图谱中的不同实体,知识图谱中关系模式示例如表 2.1 所示。

表 2.1　关系模式示例

关系模式	示例
对称关系	同学(张三,李四)⇒同学(李四,张三)
反对称关系	父子(张三,李四)⇒¬父子(李四,张三)
逆关系	上位词(红色,鲜红色)⇒下位词(鲜红色,红色),上位词与下位词互逆
组合关系	妻子(张三,李四)∧父子(李四,王五)⇒母子(张三,王五)

2.1.2　复数乘法的几何意义

四元数是复数的扩展,又称为简单的超复数。四元数的许多基本代数和几何性质也出现在复数中。所以,在介绍四元数的特性前,本节首先简要回顾复数的相关内容,重点介绍复数乘法的几何意义。

复数是由一个实部和一个虚部组成,可表示为 $z=a+b\mathbf{i}$(a、b 均为实数),其中 a 称为实部,b 称为虚部,$\mathbf{i}$ 称为虚数单位,$\mathbf{i}^2=-\mathbf{1}$。在 xy 平面中,复数通常用二维向量 $\boldsymbol{v}=(a,b)\in\mathbb{R}^2$ 表示。

复数的加法、减法和标量乘法,对应于平面 xy 中向量的无坐标运算,在实践中,可以引入直角坐标来进行这些计算，但原则上不需要首选平面中向量的方向(坐标轴)定义加法、减法或标量乘法，如图 2.1 所示[1]。

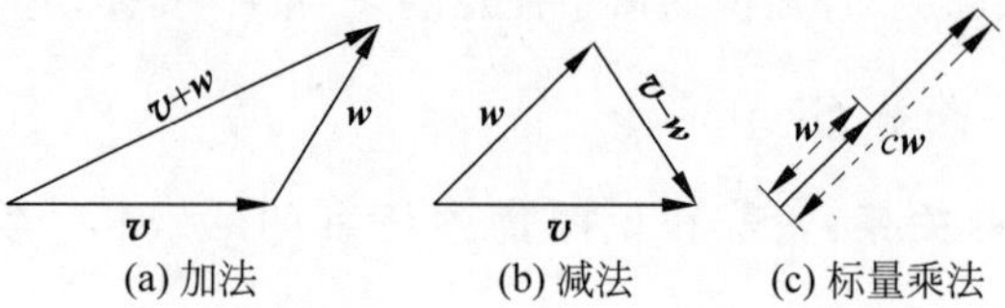

图 2.1　复数向量的加法、减法及标量乘法的无坐标几何结构

与复数的加法、减法和标量乘法不同，对于复数的乘法运算，必须选择一个方向，即乘法的单位特征向量的方向。假设用 $\boldsymbol{1}$ 表示该单位特征向量，并将该向量与沿正 x 轴的单位向量相关联；用 $\boldsymbol{i}$ 表示垂直于单位特征向量 $\boldsymbol{1}$ 的单位向量，并将该向量与沿正 y 轴的单位向量相关联[1]。相对于此坐标系，xy 平面中的任意向量$\boldsymbol{v}$ 均有常量 a 和 b，即 $\boldsymbol{v}=a\mathbf{1}+b\boldsymbol{i}$，简写为$\boldsymbol{v}=a+b\boldsymbol{i}$。

在复数系统中，$\boldsymbol{i}$ 表示$\sqrt{-\mathbf{1}}$，因此，$\boldsymbol{i}^2=-\mathbf{1}$[2]。又因为 $\mathbf{1}$ 是复数乘法的单位特征向量，所以存在 $\mathbf{11}=\mathbf{1}$、$\boldsymbol{i}\mathbf{1}=\mathbf{1}\boldsymbol{i}=\boldsymbol{i}$ 和 $\boldsymbol{ii}=-\mathbf{1}$。那么，通过复数的加法，可以计算获得复数 $z_1=a+b\boldsymbol{i}$ 和 $z_2=c+d\boldsymbol{i}$ 的乘法运算，如式(2.1)所示。

$$\begin{aligned} z_1z_2 &= (a+b\boldsymbol{i})(c+d\boldsymbol{i}) \\ &= a(c+d\boldsymbol{i})+b\boldsymbol{i}(c+d\boldsymbol{i}) \\ &= (ac-bd)+(ad+bc)\boldsymbol{i} \end{aligned} \tag{2.1}$$

由式(2.1)可以看出，复数的乘法运算具有结合律、交换律以及分配律。图 2.1 说明了复数加法、减法和标量乘法的基本几何结构。

但是，复数乘法的几何意义究竟是什么呢？为理解复数乘法的几何结构，首先看一些复数乘法的特例。

(1) 将式(2.1)中的复数 z_2 替换成 $\boldsymbol{i}$，则 $z\boldsymbol{i}=(a+b\boldsymbol{i})\boldsymbol{i}=-b+a\boldsymbol{i}$。如果使用二维向量 $\boldsymbol{z}=(a,b)$表示复数，则 $z\boldsymbol{i}=(-b,a)$，$\boldsymbol{z}\cdot z\boldsymbol{i}=(a,b)\cdot(-b,a)=0$。因此，$z\boldsymbol{i}$ 与 z 垂直，即 $z\boldsymbol{i}\perp z$，也即一个复数 z 乘以 $\boldsymbol{i}$，等于将该复数 z 向左旋转 90°。

(2) 将式(2.1)中的复数 z_2 替换成$-\mathbf{1}$，则 $z(-\mathbf{1})=-(a+b\boldsymbol{i})=-a-b\boldsymbol{i}=-z$。因此，一个复数 z 乘以$-\mathbf{1}$，等于将该复数 z 向左旋转 180°。

由上述两特例，可以看出复数乘法与几何旋转存在一定联系。下面继续探讨这种联系。

假设将一个向量 $\boldsymbol{w}$ 向左旋转幅度 θ，$\boldsymbol{w}^{\perp}$ 表示与向量 $\boldsymbol{w}$ 正交，且长度与 $\boldsymbol{w}$ 相同的向量，如图 2.2 所示[1]。那么，向左旋转后的向量 $\boldsymbol{w}_r$ 如式(2.2)所示。

$$\boldsymbol{w}_r = \boldsymbol{w}\cos\theta + \boldsymbol{w}^{\perp}\sin\theta \tag{2.2}$$

如果令式(2.2)中 $\boldsymbol{w}=(u,v)$，则由上述特例(1)得 $\boldsymbol{w}^{\perp}=(-v,u)$。因 $\boldsymbol{w}_r=(u_r, v_r)$，于是，由式(2.2)计算得到式(2.3)。

$$\begin{cases} u_r = u\cos\theta - v\sin\theta \\ v_r = v\cos\theta + u\sin\theta \end{cases} \tag{2.3}$$

现在，令 $\boldsymbol{z}(\theta)$ 为一个与从 x 轴向左旋转 θ 角的单位向量，如图 2.3 所示。那么，单位向量 $\boldsymbol{z}(\theta)=\cos\theta+\boldsymbol{i}\sin\theta$。于是，可计算得到 $\boldsymbol{z}(\theta)$ 与复数 $\boldsymbol{w}=(u,v)$ 的乘积，如式(2.4)所示。

$$\begin{aligned} \boldsymbol{z}(\theta)\boldsymbol{w} &= (\cos\theta + \boldsymbol{i}\sin\theta)(u + \boldsymbol{i}v) \\ &= u\cos\theta - v\sin\theta + (v\cos\theta + u\sin\theta)\boldsymbol{i} \end{aligned} \tag{2.4}$$

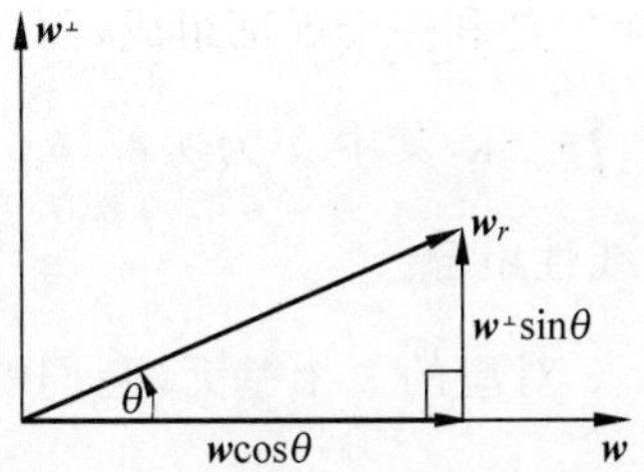

图 2.2　将向量 $\boldsymbol{w}$ 旋转幅度 θ

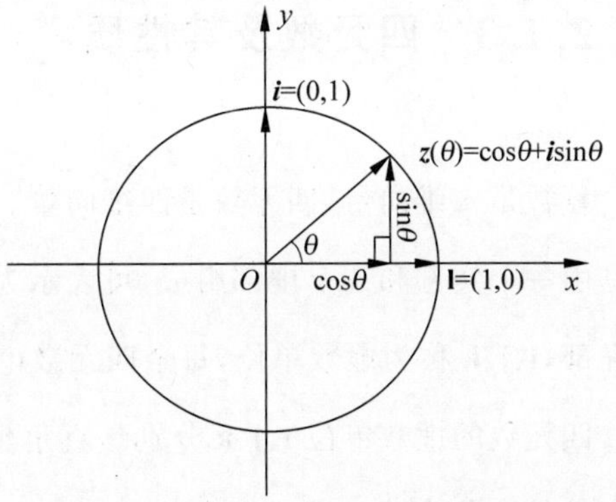

图 2.3　复数 $\boldsymbol{w}$ 与单位向量 $\boldsymbol{z}(\theta)$ 的乘积相当于将向量 $\boldsymbol{w}$ 旋转角 θ

由式(2.2)～式(2.4)可以得到结论：将复数 $\boldsymbol{w}=(u,v)$ 乘以单位向量 $\boldsymbol{z}(\theta)$，相当于将向量 $\boldsymbol{w}$ 旋转角 θ。此外，由于复数乘法是相关联的，只需将相关的复数相乘，即可以组成两个旋转[20]。

定理 2.1　任意两个单位长度的复数的乘积，等于它们对应的单位向量与 x 轴形成的角度相加，即 $z(\theta+\phi)=z(\theta)z(\phi)$。

证明 假设 z 是一个任意复数，令

$$\mathrm{e}^{z}=1+z+\frac{z^{2}}{2!}+\frac{z^{3}}{3!}+\cdots$$

那么

$$\mathrm{e}^{\boldsymbol{i}\theta}=1+\boldsymbol{i}\theta+\frac{(\boldsymbol{i}\theta)^{2}}{2!}+\frac{(\boldsymbol{i}\theta)^{3}}{3!}+\frac{(\boldsymbol{i}\theta)^{4}}{4!}+\frac{(\boldsymbol{i}\theta)^{5}}{5!}+\cdots$$

因为 $\boldsymbol{i}^{2}=-1$，所以可计算获得欧拉等式

$$\mathrm{e}^{\boldsymbol{i}\theta}=\left(1-\frac{\theta^{2}}{2!}+\frac{\theta^{4}}{4!}-\cdots\right)+\boldsymbol{i}\left(\theta-\frac{\theta^{3}}{3!}+\frac{\theta^{5}}{5!}+\cdots\right)=\cos\theta+\boldsymbol{i}\sin\theta$$

进一步计算可得

$$z(\theta)=\cos\theta+\boldsymbol{i}\sin\theta=\mathrm{e}^{\boldsymbol{i}\theta}$$

$$z(\theta+\phi)=\mathrm{e}^{\boldsymbol{i}(\theta+\phi)}$$

$$z(\theta)z(\phi)=\mathrm{e}^{\boldsymbol{i}\theta}\mathrm{e}^{\boldsymbol{i}\phi}=\mathrm{e}^{\boldsymbol{i}(\theta+\phi)}$$

综上，定理 2.1 得证。

2.1.3 四元数及其性质

复数是二维向量，四元数是四维向量。复数是由一个实部和一个虚部组成，而四元数是由一个实部和 3 个虚部组成，可表示为 $Q=a+b\mathbf{i}+c\mathbf{j}+d\mathbf{k}$，其中 a 为实部，b、c、d 为虚部，$\mathbf{i}$、$\mathbf{j}$、$\mathbf{k}$ 称为虚数单位，每个四元数 Q 是 $\mathbf{1}$、$\mathbf{i}$、$\mathbf{j}$、$\mathbf{k}$ 的线性组合。

四元数的虚数单位 $\mathbf{i}$、$\mathbf{j}$、$\mathbf{k}$ 分别是直角坐标系中 x,y,z 对应的 3 个基元，它们的几何意义是一种旋转：

(1) $\mathbf{i}$ 旋转代表 z 轴与 y 轴相交平面中 z 轴正向向 y 轴正向的旋转；

(2) $\mathbf{j}$ 旋转代表 x 轴与 z 轴相交平面中 x 轴正向向 z 轴正向的旋转；

(3) $\mathbf{k}$ 旋转代表 y 轴与 x 轴相交平面中 y 轴正向向 x 轴正向的旋转；

(4) $-\mathbf{i}$、$-\mathbf{j}$、$-\mathbf{k}$ 则分别代表 $\mathbf{i}$、$\mathbf{j}$、$\mathbf{k}$ 旋转的反向旋转。

对应 $\mathbf{i}$、$\mathbf{j}$、$\mathbf{k}$ 旋转的示意图，如图 2.4 所示。

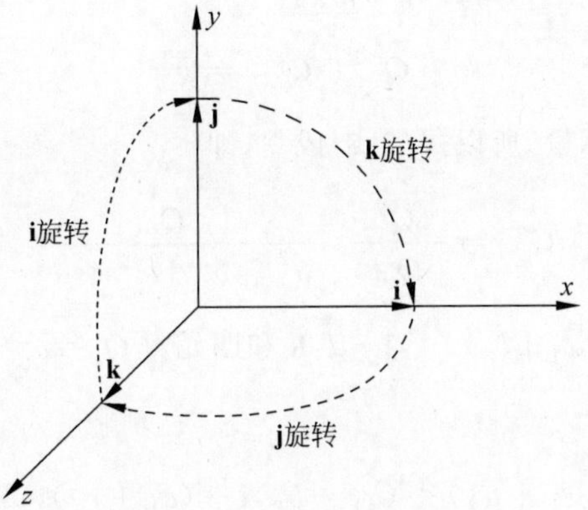

图 2.4　**i**、**j**、**k** 旋转示意图

定义 2.5(哈密尔顿四元数)：设 $Q=a+b\mathbf{i}+c\mathbf{j}+d\mathbf{k}$，若其中 a、b、c、d 均为实数，$\mathbf{i}^0=\mathbf{j}^0=\mathbf{k}^0=\mathbf{1}$，$\mathbf{ij}=-\mathbf{ji}=\mathbf{k}$、$\mathbf{jk}=-\mathbf{kj}=\mathbf{i}$、$\mathbf{ki}=-\mathbf{ik}=\mathbf{j}$，$\mathbf{i}^2=\mathbf{j}^2=\mathbf{k}^2=\mathbf{ijk}=-\mathbf{1}$，则称 Q 为 Hamilton 四元数(Hamilton Quaternion)，简称四元数(Quaternion)。

定义 2.6(纯四元数)：若一个四元数的实部为 0，则该四元数为纯四元数(Pure Quaternion)，可表示为 $Q=b\mathbf{i}+c\mathbf{j}+d\mathbf{k}$。

本章将利用四元数的共轭、模、逆、加法、乘积等运算完成算法实现，具体运算介绍如下。

共轭：四元数 $Q=a+b\mathbf{i}+c\mathbf{j}+d\mathbf{k}$ 的共轭表示为 $\bar{Q}$，如式(2.5)所示。

$$\begin{aligned}\bar{Q}&=a-b\mathbf{i}-c\mathbf{j}-d\mathbf{k}\\ Q\bar{Q}&=a^2+b^2+c^2+d^2\end{aligned}\tag{2.5}$$

模：四元数 $Q=a+b\mathbf{i}+c\mathbf{j}+d\mathbf{k}$ 的模表示为 $|Q|$，如式(2.6)所示。

$$|Q|=|\bar{Q}|=\sqrt{a^2+b^2+c^2+d^2}\tag{2.6}$$

逆：一个非零四元数 $Q=a+b\mathbf{i}+c\mathbf{j}+d\mathbf{k}$ 的逆表示为 Q^{-1}，如式(2.7)所示。

$$Q^{-1}=\frac{\bar{Q}}{|Q|^2}=\frac{\bar{Q}}{a^2+b^2+c^2+d^2}\tag{2.7}$$

根据式(2.7)的定义，Q^{-1} 是四元数 Q 的逆，可以得到

$$QQ^{-1}=Q^{-1}Q=1$$

因此，根据 $Q^{-1}Q=1$，可以计算得到

$$Q^{-1}Q\bar{Q}=\bar{Q}$$

又由式(2.5)和式(2.6),可以计算得到

$$Q^{-1}|Q|^2=\bar{Q}$$

因为$|Q|^2$是一个标量,所以式(2.7)成立,即

$$Q^{-1}=\frac{\bar{Q}}{|Q|^2}=\frac{\bar{Q}}{a^2+b^2+c^2+d^2}$$

加法：四元数$Q_1=a_1+b_1\mathbf{i}+c_1\mathbf{j}+d_1\mathbf{k}$和四元数$Q_2=a_2+b_2\mathbf{i}+c_2\mathbf{j}+d_2\mathbf{k}$的加法运算,如式(2.8)所示。

$$Q_1+Q_2=(a_1+a_2)+(b_1+b_2)\mathbf{i}+(c_1+c_2)\mathbf{j}+(d_1+d_2)\mathbf{k} \tag{2.8}$$

Hamilton 乘积：四元数$Q_1=a_1+b_1\mathbf{i}+c_1\mathbf{j}+d_1\mathbf{k}$和四元数$Q_2=a_2+b_2\mathbf{i}+c_2\mathbf{j}+d_2\mathbf{k}$的 Hamilton 乘积运算如式(2.9)所示。

$$\begin{aligned}Q_1\otimes Q_2=&(a_1a_2-b_1b_2-c_1c_2-d_1d_2)+(a_1b_2+b_1a_2+c_1d_2-d_1c_2)\mathbf{i}+\\&(a_1c_2-b_1d_2+c_1a_2+d_1b_2)\mathbf{j}+(a_1d_2+b_1c_2-c_1b_2+d_1a_2)\mathbf{k}\\Q_1\otimes Q_2\neq& Q_2\otimes Q_1\end{aligned} \tag{2.9}$$

定义 2.7(单位四元数)：若一个四元数的模$|Q|=1$,则该四元数为单位四元数(Unit Quaternion)。

由式(2.8)和式(2.9)可以看出：四元数的加法运算满足交换律和结合律；四元数的乘法运算满足分配律和结合律,但不满足交换律,即四元数的乘法运算具有不可交换性。

2.1.4　四元数旋转算子

四元数是四维向量,具有关联但不可交换的乘法规则,并且最关键的是,四维空间中的每个非零向量均有唯一的乘法逆元。因此,四元数构成除法代数[1]。自从四元数乘法被发现以来,四元数一直被用来通过将向量夹在单位四元数与其共轭四元数之间,来旋转三维向量[3-9]。

例如,在计算机图形学中,四元数有 3 个主要应用[10]。

(1) 四元数可以用来减少存储和提高涉及旋转的计算效率。四元数仅由 4 个标量表示,而 3×3 的旋转矩阵有 9 个标量。此外,用四元数乘法组合表示两个旋转只需要

16 个标量乘法，而用旋转矩阵乘法合成两个旋转则需要 27 个标量乘法。

(2) 四元数可以用来避免由于涉及旋转的浮点计算引入的数值不准确在场景中产生的失真。与旋转矩阵不同，四元数很容易归一化，因此用单位四元数代替旋转矩阵可以更容易地避免长度和角度的失真。

(3) 在关键帧动画中，可通过使用球面线性插值轻松地在单位四元数表示的两个旋转间进行平滑插值。在两个旋转矩阵间进行平滑插值并非那么简单。

四元数是四维向量，它是如何被用来旋转三维向量的呢？四元数、纯四元数以及三维向量之间的关系如图 2.5 所示[11]。

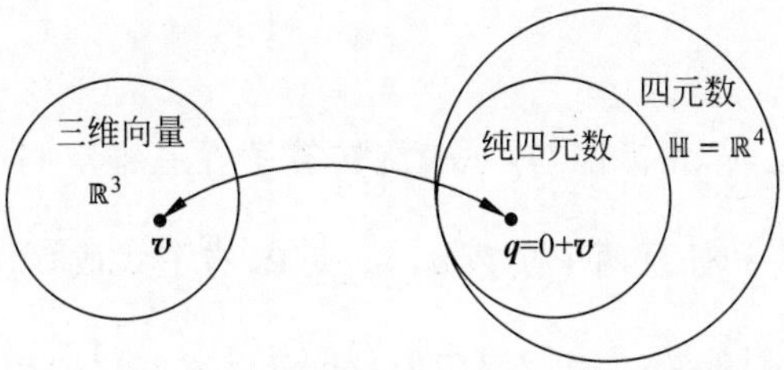

图 2.5　四元数、纯四元数以及三维向量之间的关系

由图 2.5 可以看出，一个三维向量$\boldsymbol{v}\in\mathbb{R}^3$ 实际上是一个实部为 0 的纯四元数。

令一个单位四元数 $Q=q_0+\boldsymbol{q}=q_0+q_1\mathbf{i}+q_2\mathbf{j}+q_3\mathbf{k}$，根据定义 2.7 可得

$$q_0^2+\|\boldsymbol{q}\|^2=1$$

也就是说，一定存在某个角 θ，满足$\cos^2\theta=q_0^2$，$\sin^2\theta=\|\boldsymbol{q}\|^2$。

事实上，存在唯一的 $\theta\in[0,\pi]$，满足 $\cos\theta=q_0$ 和 $\sin\theta=\|\boldsymbol{q}\|$。那么，单位四元数 Q 可以重写为

$$Q=q_0+\boldsymbol{q}=q_0+q_1\mathbf{i}+q_2\mathbf{j}+q_3\mathbf{k}=\cos\theta+\boldsymbol{u}\sin\theta$$

其中，$\boldsymbol{u}$ 为单位向量，即

$$\boldsymbol{u}=\frac{\boldsymbol{q}}{\|\boldsymbol{q}\|}$$

使用单位四元数 $Q=q_0+\boldsymbol{q}$ 定义一个在三维向量$\boldsymbol{v}\in\mathbb{R}^3$ 上的旋转算子 $O_Q(\boldsymbol{v})$，如式(2.10)所示[11]。

$$\begin{aligned}O_Q(\boldsymbol{v})&=Q\boldsymbol{v}\bar{Q}\\&=(q_0+\boldsymbol{q})\boldsymbol{v}(q_0-\boldsymbol{q})\\&=(q_0^2-\|\boldsymbol{q}\|^2)\boldsymbol{v}+2(\boldsymbol{q}\cdot\boldsymbol{v})\boldsymbol{q}+2q_0(\boldsymbol{q}\times\boldsymbol{v})\end{aligned}\tag{2.10}$$

从式(2.10)中可观察两种情况。

(1) 此单位四元数对向量$\boldsymbol{v}$的旋转算子$O_Q(\boldsymbol{v})$并未改变向量$\boldsymbol{v}$的长度,这是因为

$$\| O_Q(\boldsymbol{v}) \| = \| Q\boldsymbol{v}\bar{Q} \| = | Q | \cdot \| \boldsymbol{v} \| \cdot | \bar{Q} | = \| \boldsymbol{v} \|$$

(2) 向量$\boldsymbol{v}$的方向如果沿着$\boldsymbol{q}$,旋转算子$O_Q(\boldsymbol{v})$的左侧是不变的。为了验证该情况,令$\boldsymbol{v}=k\boldsymbol{q}$,将$\boldsymbol{v}$代入式(2.10),计算得到

$$\begin{aligned} O_Q(\boldsymbol{v}) &= (q_0^2 - \| \boldsymbol{q} \|^2)(k\boldsymbol{q}) + 2(\boldsymbol{q} \cdot k\boldsymbol{q})\boldsymbol{q} + 2q_0(\boldsymbol{q} \times k\boldsymbol{q}) \\ &= k(q_0^2 + \| \boldsymbol{q} \|^2)\boldsymbol{q} = k\boldsymbol{q} \end{aligned}$$

从上述观察到的两种情况,可以猜测$O_Q(\boldsymbol{v})$旋转算子是围绕$\boldsymbol{q}$的一个旋转,将由定理2.2详细说明。

在介绍定理2.2之前,先标记$O_Q(\boldsymbol{v})$旋转算子在三维空间中是线性的,即对于任意两个向量$\boldsymbol{v}_1,\boldsymbol{v}_2 \in \mathbb{R}^3$和任意两个实数$a_1,a_2 \in \mathbf{R}$,有下式成立。

$$O_Q(a_1\boldsymbol{v}_1 + a_2\boldsymbol{v}_2) = a_1 O_Q(\boldsymbol{v}_1) + a_2 O_Q(\boldsymbol{v}_2)$$

定理 2.2 对于任意单位四元数$Q=q_0+\boldsymbol{q}=\cos\dfrac{\theta}{2}+\boldsymbol{u}\sin\dfrac{\theta}{2}$和任意三维向量$\boldsymbol{v} \in \mathbb{R}^3$,在向量$\boldsymbol{v}$上的旋转算子$O_Q(\boldsymbol{v})=Q\boldsymbol{v}\bar{Q}$,相当于向量$\boldsymbol{v}$以单位向量$\boldsymbol{u}=\dfrac{\boldsymbol{q}}{\| \boldsymbol{q} \|}$为旋转轴,旋转角度为$\theta$的旋转。

证明 给定一个三维向量$\boldsymbol{v} \in \mathbb{R}^3$,将它分解为$\boldsymbol{v}=\boldsymbol{a}+\boldsymbol{n}$,其中$\boldsymbol{a}$是沿向量$\boldsymbol{q}$的分量,$\boldsymbol{n}$是垂直于向量$\boldsymbol{q}$的分量(正交分量)。那么,在旋转算子$O_Q$下,$\boldsymbol{a}$是不变的,而$\boldsymbol{n}$围绕$\boldsymbol{q}$旋转角$\theta$。因为$O_Q(\boldsymbol{v})$旋转算子在三维空间中是线性的,所以$Q\boldsymbol{v}\bar{Q}$被解释为$\boldsymbol{v}$围绕$\boldsymbol{q}$旋转一个角$\theta$。

在旋转算子O_Q下$\boldsymbol{a}$不变。于是,重点关注O_Q对正交分量$\boldsymbol{n}$的影响。由式(2.10)可得

$$\begin{aligned} O_Q(\boldsymbol{n}) &= (q_0^2 - \| \boldsymbol{q} \|^2)\boldsymbol{n} + 2(\boldsymbol{q} \cdot \boldsymbol{n})\boldsymbol{q} + 2q_0(\boldsymbol{q} \times \boldsymbol{n}) \\ &= (q_0^2 - \| \boldsymbol{q} \|^2)\boldsymbol{n} + 2q_0(\boldsymbol{q} \times \boldsymbol{n}) \\ &= (q_0^2 - \| \boldsymbol{q} \|^2)\boldsymbol{n} + 2q_0 \| \boldsymbol{q} \| (\boldsymbol{u} \times \boldsymbol{n}) \end{aligned}$$

将$\boldsymbol{u} \times \boldsymbol{n}$表示为$\boldsymbol{n}^{\perp}$,于是最后一个等式变为

$$O_Q(\boldsymbol{n})=(q_0^2-\|\boldsymbol{q}\|^2)\boldsymbol{n}+2q_0\|\boldsymbol{q}\|\boldsymbol{n}^{\perp} \tag{2.11}$$

注意，$\boldsymbol{n}$ 和 $\boldsymbol{n}^{\perp}$ 有相同的长度，这是因为 $\|\boldsymbol{n}^{\perp}\|=\|\boldsymbol{u}\times\boldsymbol{n}\|=\|\boldsymbol{n}\|\cdot\|\boldsymbol{u}\|\sin\dfrac{\pi}{2}=\|\boldsymbol{n}\|$。

所以，可以将式(2.11)重写为

$$O_Q(\boldsymbol{n})=\left(\cos^2\frac{\theta}{2}-\sin^2\frac{\theta}{2}\right)\boldsymbol{n}+\left(2\cos\frac{\theta}{2}\sin\frac{\theta}{2}\right)\boldsymbol{n}^{\perp}=\cos\theta\boldsymbol{n}+\sin\theta\boldsymbol{n}^{\perp}$$

即旋转算子 O_Q 对正交分量 $\boldsymbol{n}$ 运算后得到的向量由 $\boldsymbol{n}$ 和 $\boldsymbol{n}^{\perp}$ 定义，是 $\boldsymbol{n}$ 在平面中旋转角度为 θ 的旋转，如图 2.6 所示，该向量显然与旋转轴正交。

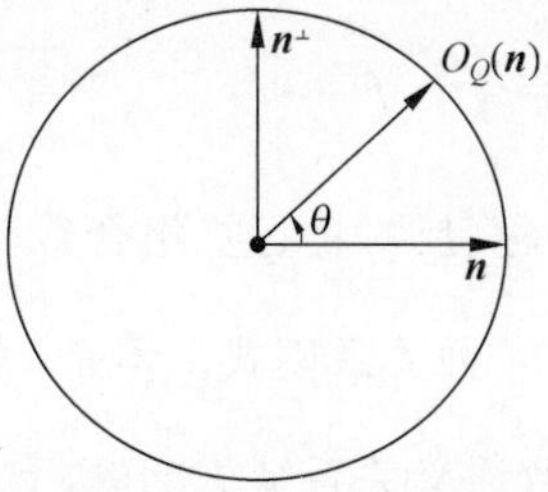

图 2.6　O_Q 对正交分量 $\boldsymbol{n}$ 的影响

将单位四元数 $Q=q_0+\boldsymbol{q}=\cos\dfrac{\theta}{2}+\boldsymbol{u}\sin\dfrac{\theta}{2}$ 代入式(2.10)，可以计算向量 $\boldsymbol{v}$ 绕轴 $\boldsymbol{u}$ 旋转 θ 角后得到的向量，即

$$\begin{aligned}O_Q(\boldsymbol{v})&=\left(\cos^2\frac{\theta}{2}-\sin^2\frac{\theta}{2}\right)\boldsymbol{v}+2\left(\boldsymbol{u}\sin\frac{\theta}{2}\cdot\boldsymbol{v}\right)\boldsymbol{u}\sin\frac{\theta}{2}+2\cos\frac{\theta}{2}\left(\boldsymbol{u}\sin\frac{\theta}{2}\times\boldsymbol{v}\right)\\&=\cos\theta\cdot\boldsymbol{v}+(1-\cos\theta)(\boldsymbol{u}\cdot\boldsymbol{v})\boldsymbol{u}+\sin\theta\cdot(\boldsymbol{u}\times\boldsymbol{v})\end{aligned}$$

证毕。

定理 2.3[11]　对于任意单位四元数 $Q=q_0+\boldsymbol{q}=\cos\dfrac{\theta}{2}+\boldsymbol{u}\sin\dfrac{\theta}{2}$ 和任意三维向量 $\boldsymbol{v}\in\mathbb{R}^3$，在向量 $\boldsymbol{v}$ 上的旋转算子 $O_{\bar{Q}}(\boldsymbol{v})=\bar{Q}\boldsymbol{v}\overline{(\bar{Q})}=\bar{Q}\boldsymbol{v}Q$ 相当于坐标系绕轴 $\boldsymbol{u}$ 旋转一个角 θ，而向量 $\boldsymbol{v}$ 未旋转。

综上，四元数旋转算子 $O_Q(\boldsymbol{v})=Q\boldsymbol{v}\bar{Q}$ 可以解释为相对于(固定)坐标系的点或向量旋转，而四元数旋转算子 $O_{\bar{Q}}(\boldsymbol{v})=\bar{Q}\boldsymbol{v}Q$ 可以解释为相对于(固定)点空间的坐标系旋转。

2.2 QuaR 方法

本节针对大部分补全方法关系建模能力不足导致语义关系缺失问题(C_1)，提出QuaR 方法，使用四元数表示实体，并将关系建模为四元数空间中的旋转，保留语义信息的同时可有效地对 4 种关系模式进行建模，同时具有参数少、复杂度低、易扩展等优点。

2.2.1 动机

知识图谱中的关系，具有对称、反对称、逆、组合等 4 种关系模式。理想的知识图谱补全方法，应可以同时建模所有 4 种关系模式。但是，大部分补全方法关系建模能力不足，仅能建模部分关系模式，导致语义关系缺失问题。

几种补全方法的关系模式建模和推理能力如表 2.2 所示。

表 2.2　几种补全方法的关系模式建模和推理能力

模　型	得分函数	对称	反对称	逆	组合
SE[12]	$-\Vert \boldsymbol{W}_{r,1}\boldsymbol{h}-\boldsymbol{W}_{r,2}\boldsymbol{t}\Vert, \boldsymbol{h},\boldsymbol{t}\in\mathbb{R}^k, \boldsymbol{W}_{r,\cdot}\in\mathbb{R}^{k\times k}$	×	×	×	×
TransE[13]	$-\Vert \boldsymbol{h}+\boldsymbol{r}-\boldsymbol{t}\Vert, \boldsymbol{h},\boldsymbol{r},\boldsymbol{t}\in\mathbb{R}^k$	×	√	√	√
TransX	$-\Vert g_{r,1}(\boldsymbol{h})+\boldsymbol{r}-g_{r,2}(\boldsymbol{t})\Vert, \boldsymbol{h},\boldsymbol{r},\boldsymbol{t}\in\mathbb{R}^k$	√	√	×	×
DistMult[14]	$<\boldsymbol{r},\boldsymbol{h},\boldsymbol{t}>, \boldsymbol{h},\boldsymbol{r},\boldsymbol{t}\in\mathbb{R}^k$	√	×	×	×
ComplEx[15]	$\mathrm{Re}(<\boldsymbol{r},\boldsymbol{h},\bar{\boldsymbol{t}}>), \boldsymbol{h},\boldsymbol{r},\boldsymbol{t}\in\mathbb{C}^k$	√	√	√	×
RotatE[16]	$-\Vert \boldsymbol{h}\circ\boldsymbol{r}-\boldsymbol{t}\Vert^2, \boldsymbol{h},\boldsymbol{r},\boldsymbol{t}\in\mathbb{C}^k, \vert r_i\vert=1$	√	√	√	√

注：$<\cdot>$表示广义点积；$\circ$表示 Hadamard 乘积；$\bar{\cdot}$表示复向量的共轭；TransX 表示 TransE 的变体，如 TransH[17]、TransR[18]和 StransE[19]，其中 $g_{r,i}(\cdot)$表示关于关系 r 的矩阵乘法。

为解决大部分补全方法关系建模能力不足导致语义关系缺失问题，RotatE[16]方法受欧拉恒等式($e^{\theta\mathbf{i}}=\cos\theta+\mathbf{i}\sin\theta$)的启发，将实体表示为复数向量、关系表示为复数向量空间中的旋转，可以有效地建模对称、反对称、逆、组合等 4 种关系模式。

但是，RotatE 方法仅有一个旋转平面，即复数平面，如图 2.7 所示。

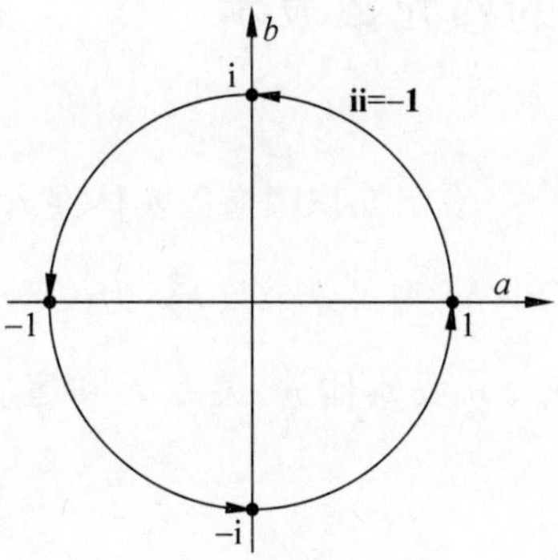

图 2.7　复数平面

与复数向量空间不同，四元数能够在三维空间中表达旋转，并且比复数向量空间中的旋转具有更大的自由度和灵活度。本书提出的 QuaR 方法有两个旋转平面（超复数空间），如图 2.8 所示。

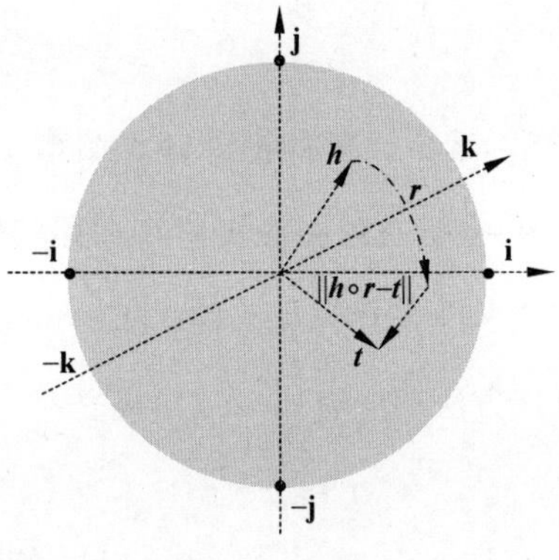

图 2.8　超复数空间

在图 2.8 中，QuaR 方法将关系建模为超复数（四元数）向量空间中的旋转，动机来源于欧拉四元数扩展公式，即

$$e^{\frac{\theta}{2}(u_x\mathbf{i}+u_y\mathbf{j}+u_z\mathbf{k})}=\cos\frac{\theta}{2}+(u_x\mathbf{i}+u_y\mathbf{j}+u_z\mathbf{k})\sin\frac{\theta}{2}$$

其中，$\mathbf{u}=(u_x,u_y,u_z)$为单位向量，表明四元数可以在任意一个超复数向量空间$\mathbb{H}$中，围绕单位向量 $\mathbf{u}$ 以 $\theta\in[-\pi,\pi]$为旋转角进行旋转操作[13]。

因此，QuaR 方法将实体和实体间关系映射到超复数向量空间$\mathbb{H}^k$中；并且，将每个关系定义为从头实体到尾实体的旋转；可以建模和推理所有 4 种类型的关系模式。

2.2.2 知识图谱的四元数表示

使用四元数矩阵 $\boldsymbol{Q}\in\mathbb{H}^{M\times k}$ 表示知识图谱的实体嵌入，使用四元数矩阵 $\boldsymbol{R}\in\mathbb{H}^{N\times k}$ 表示知识图谱的关系嵌入，其中 M 为实体个数，N 为关系个数，k 为嵌入维度。给定知识图谱中的一个三元组(h,r,t)，头实体 h、关系 r 和尾实体 t 对应的四元数分别表示为

$$Q_h=a_h+b_h\mathbf{i}+c_h\mathbf{j}+d_h\mathbf{k},\quad a_h,b_h,c_h,d_h\in\mathbb{R}^k$$

$$R_r=a_r+b_r\mathbf{i}+c_r\mathbf{j}+d_r\mathbf{k},\quad a_r,b_r,c_r,d_r\in\mathbb{R}^k$$

$$Q_t=a_t+b_t\mathbf{i}+c_t\mathbf{j}+d_t\mathbf{k},\quad a_t,b_t,c_t,d_t\in\mathbb{R}^k$$

2.2.3 四元数空间中的关系旋转

QuaR 方法补全知识图谱，旨在建模和推断知识图谱中的 4 种关系模式。受欧拉四元数扩展公式的启发，QuaR 方法首先将头实体 h 和尾实体 t 映射到超复数向量空间 $\mathbb{H}^k$。然后，将每个关系 r 定义为头实体到尾实体的 Element-Wise 旋转。也就是说，给定一个三元组(h,r,t)，QuaR 方法期望有式(2.12)成立。

$$\boldsymbol{t}\approx\boldsymbol{h}\circ\boldsymbol{r}\tag{2.12}$$

其中，$\boldsymbol{h},\boldsymbol{r},\boldsymbol{t}\in\mathbb{H}^k$ 分别对应头实体 h、关系 r 和尾实体 t 在超复数向量空间 $\mathbb{H}^k$ 中的嵌入向量；$\circ$表示 Hadamard 乘积(Element-Wise 旋转)。对于超复数向量空间 $\mathbb{H}^k$ 中嵌入向量的每个元素的计算公式，如式(2.13)所示。

$$t_i=h_ir_i\tag{2.13}$$

其中，$h_i,r_i,t_i\in\mathbb{H}$；$|r_i|=1$。

根据上述定义，对于每个三元组 (h,r,t)，将 QuaR 方法的基于距离的得分函数(目标函数)定义为

$$f_r(\boldsymbol{h},\boldsymbol{t})=-\|\boldsymbol{h}\circ\boldsymbol{r}-\boldsymbol{t}\|\tag{2.14}$$

通过将每个关系定义为超复数向量空间中的旋转，QuaR 方法可以建模和推理所

有 4 种类型的关系模式。为验证 QuaR 方法的关系建模能力,有如下定理。

定理 2.4 QuaR 方法可建模和推理对称关系模式。

证明 若 $r(h,t) \wedge r(t,h)$ 成立,则有式(2.15)成立。因此,QuaR 方法可建模和推理对称关系模式。

$$\boldsymbol{t}=\boldsymbol{h}\circ\boldsymbol{r} \wedge \boldsymbol{h}=\boldsymbol{t}\circ\boldsymbol{r} \Rightarrow \boldsymbol{r}\circ\boldsymbol{r}=1 \tag{2.15}$$

定理 2.5 QuaR 方法可建模和推理反对称关系模式。

证明 若 $r(h,t) \wedge \neg r(t,h)$ 成立,则有式(2.16)成立。因此,QuaR 方法可建模和推理反对称关系模式。

$$\boldsymbol{t}=\boldsymbol{h}\circ\boldsymbol{r} \wedge \boldsymbol{h}\neq\boldsymbol{t}\circ\boldsymbol{r} \Rightarrow \boldsymbol{r}\circ\boldsymbol{r}\neq 1 \tag{2.16}$$

定理 2.6 QuaR 方法可建模和推理逆关系模式。

证明 若 $r_1(h,t) \wedge r_2(t,h)$ 成立,则有式(2.17)成立。因此,QuaR 方法可建模和推理逆关系模式。

$$\boldsymbol{t}=\boldsymbol{h}\circ\boldsymbol{r}_1 \wedge \boldsymbol{h}=\boldsymbol{t}\circ\boldsymbol{r}_2 \Rightarrow \boldsymbol{r}_1\circ\boldsymbol{r}_2=1 \Rightarrow \boldsymbol{r}_1=\boldsymbol{r}_2^{-1} \tag{2.17}$$

定理 2.7 QuaR 方法可建模和推理组合关系模式。

证明 若 $r_1(x,y) \wedge r_2(y,z) \wedge r_3(x,z)$ 成立,则有式(2.18)成立。因此,QuaR 方法可建模和推理组合关系模式。

$$\boldsymbol{y}=\boldsymbol{x}\circ\boldsymbol{r}_1 \wedge \boldsymbol{z}=\boldsymbol{y}\circ\boldsymbol{r}_2 \wedge \boldsymbol{z}=\boldsymbol{x}\circ\boldsymbol{r}_3 \Rightarrow \boldsymbol{r}_3=\boldsymbol{r}_1\circ\boldsymbol{r}_2 \tag{2.18}$$

定理 2.8 QuaR 方法可演化成 TransE 模型。

证明 令 $|h_i|=|t_i|=C$,重写 $\boldsymbol{h},\boldsymbol{r},\boldsymbol{t}$,具体如式(2.19)所示。

$$\begin{cases} \boldsymbol{h}=C\mathrm{e}^{\frac{\theta_h}{2}(u_x\mathbf{i}+u_y\mathbf{j}+u_z\mathbf{k})}=C\cos\dfrac{\theta_h}{2}+(u_x\mathbf{i}+u_y\mathbf{j}+u_z\mathbf{k})C\sin\dfrac{\theta_h}{2} \\ \boldsymbol{r}=\mathrm{e}^{\frac{\theta_r}{2}(u_x\mathbf{i}+u_y\mathbf{j}+u_z\mathbf{k})} \\ \boldsymbol{t}=C\mathrm{e}^{\frac{\theta_t}{2}(u_x\mathbf{i}+u_y\mathbf{j}+u_z\mathbf{k})}=C\cos\dfrac{\theta_t}{2}+(u_x\mathbf{i}+u_y\mathbf{j}+u_z\mathbf{k})C\sin\dfrac{\theta_t}{2} \end{cases} \tag{2.19}$$

由式(2.19)可计算得到

$$\begin{aligned} \|\boldsymbol{h}\circ\boldsymbol{r}-\boldsymbol{t}\| &= C\left\|\mathrm{e}^{\frac{\theta_h+\theta_r}{2}(u_x\mathbf{i}+u_y\mathbf{j}+u_z\mathbf{k})}-\mathrm{e}^{\frac{\theta_t}{2}(u_x\mathbf{i}+u_y\mathbf{j}+u_z\mathbf{k})}\right\| \\ &= C\left\|\mathrm{e}^{\frac{\theta_h+\theta_r-\theta_t}{2}(u_x\mathbf{i}+u_y\mathbf{j}+u_z\mathbf{k})}-1\right\| \end{aligned}$$

$$=C\left\|\cos\frac{\theta_h+\theta_r-\theta_t}{2}+(u_x\mathbf{i}+u_y\mathbf{j}+u_z\mathbf{k})\sin\frac{\theta_h+\theta_r-\theta_t}{2}-1\right\|$$

$$=C\left\|\sqrt{\left(\cos\frac{\theta_h+\theta_r-\theta_t}{2}-1\right)^2+\sin^2\frac{\theta_h+\theta_r-\theta_t}{2}}\right\|$$

$$=C\left\|\sqrt{2-2\cos\frac{\theta_h+\theta_r-\theta_t}{2}}\right\|$$

$$=2C\left\|\sin\frac{\theta_h+\theta_r-\theta_t}{2}\right\| \tag{2.20}$$

若(h,r,t)在 TransE 模型中嵌入向量分别是$\boldsymbol{h}'$、$\boldsymbol{r}'$、$\boldsymbol{t}'$，令$\theta_h=c\boldsymbol{h}'$、$\theta_r=c\boldsymbol{r}'$、$\theta_t=c\boldsymbol{t}'$和$C=1/c$，则由式(2.20)可计算得到式(2.21)。因此，QuaR 方法可演化成 TransE 模型。

$$\lim_{c\to 0}\|\boldsymbol{h}\circ\boldsymbol{r}-\boldsymbol{t}\|=\|\boldsymbol{h}'+\boldsymbol{r}'-\boldsymbol{t}'\| \tag{2.21}$$

下面通过实例探究 QuaR 方法的关系建模能力。

(1) 对称与反对称关系。根据定理 2.4，如果一个关系 r 是对称的，则 $\boldsymbol{r}\circ\boldsymbol{r}=1$，又有 $\boldsymbol{r}\circ\boldsymbol{r}=1\Rightarrow r_i^2=\pm 1$。令

$$r_i=\mathrm{e}^{\frac{\theta}{2}(u_x\mathbf{i}+u_y\mathbf{j}+u_z\mathbf{k})}=\cos\frac{\theta}{2}+(u_x\mathbf{i}+u_y\mathbf{j}+u_z\mathbf{k})\sin\frac{\theta}{2}=\left[\cos\frac{\theta}{2},\mathbf{u}\sin\frac{\theta}{2}\right]$$

则

$$r_i^2=\pm1\Rightarrow\left[\cos\frac{\theta}{2},\mathbf{u}\sin\frac{\theta}{2}\right]^2=\pm1\Rightarrow[\cos\theta,\mathbf{u}\sin\theta]=\pm1\Rightarrow\theta=0\vee\pm\pi$$

也就是说，一个对称关系的头实体绕轴旋转两次后返回自身。同理，如果一个关系 r 是反对称的，则 $\theta\neq 0\vee\pm\pi$。

(2) 逆关系。根据定理 2.6，如果关系 r_1 是关系 r_2 的逆关系，则 $\boldsymbol{r}_1=\boldsymbol{r}_2^{-1}$，又有 $\boldsymbol{r}_1=\boldsymbol{r}_2^{-1}\Rightarrow r_{1i}=\pm r_{2i}^{-1}$。令 $r_{1i}=\left[\cos\frac{\theta_1}{2},\mathbf{u}_1\sin\frac{\theta_1}{2}\right]$，$r_{2i}=\left[\cos\frac{\theta_2}{2},\mathbf{u}_2\sin\frac{\theta_2}{2}\right]$，则

$$r_{1i}=\pm r_{2i}^{-1}\Rightarrow\left[\cos\frac{\theta_1}{2},\mathbf{u}_1\sin\frac{\theta_1}{2}\right]=\pm\left[\cos\frac{\theta_2}{2},\mathbf{u}_2\sin\frac{\theta_2}{2}\right]^{-1}$$

$$\Rightarrow\left[\cos\frac{\theta_1}{2},\mathbf{u}_1\sin\frac{\theta_1}{2}\right]=\pm\left[\cos\frac{\theta_2}{2},-\mathbf{u}_2\sin\frac{\theta_2}{2}\right]$$

向量 $\mathbf{u}_1$ 和 $\mathbf{u}_2$ 有两种情况：$\mathbf{u}_1=\mathbf{u}_2$（方向一致）或 $\mathbf{u}_1=-\mathbf{u}_2$（方向相反）。

当 $\mathbf{u}_1=\mathbf{u}_2$ 时，有

$$r_{1i}=\pm r_{2i}^{-1}\Rightarrow\left[\cos\frac{\theta_1}{2},\mathbf{u}_1\sin\frac{\theta_1}{2}\right]=\pm\left[\cos\frac{\theta_2}{2},-\mathbf{u}_1\sin\frac{\theta_2}{2}\right]$$

$$\Rightarrow\{\theta_1=-\theta_2\}\vee\{\theta_1=\theta_2=\pm\pi\}$$

当 $\mathbf{u}_1=-\mathbf{u}_2$ 时,有

$$r_{1i}=\pm r_{2i}^{-1}\Rightarrow\left[\cos\frac{\theta_1}{2},\mathbf{u}_1\sin\frac{\theta_1}{2}\right]=\pm\left[\cos\frac{\theta_2}{2},\mathbf{u}_1\sin\frac{\theta_2}{2}\right]$$

$$\Rightarrow\{\theta_1=\theta_2\}\vee\{\theta_1=-\theta_2=\pm\pi\}$$

(3) 组合关系。根据定理 2.7,如果关系 r_3 是关系 r_1 和关系 r_2 的组合关系,则 $\boldsymbol{r}_3=\boldsymbol{r}_1\circ\boldsymbol{r}_2$,又有

$$\boldsymbol{r}_3=\boldsymbol{r}_1\circ\boldsymbol{r}_2\Rightarrow r_{3i}=r_{1i}r_{2i}$$

令

$$r_{1i}=\mathrm{e}^{\frac{\theta_1}{2}(u_x\mathbf{i}+u_y\mathbf{j}+u_z\mathbf{k})}$$

$$r_{2i}=\mathrm{e}^{\frac{\theta_2}{2}(u_x\mathbf{i}+u_y\mathbf{j}+u_z\mathbf{k})}$$

$$r_{3i}=\mathrm{e}^{\frac{\theta_3}{2}(u_x\mathbf{i}+u_y\mathbf{j}+u_z\mathbf{k})}$$

则

$$r_{3i}=r_{1i}r_{2i}\Rightarrow\mathrm{e}^{\frac{\theta_3}{2}(u_x\mathbf{i}+u_y\mathbf{j}+u_z\mathbf{k})}=\mathrm{e}^{\frac{\theta_1}{2}(u_x\mathbf{i}+u_y\mathbf{j}+u_z\mathbf{k})}\mathrm{e}^{\frac{\theta_2}{2}(u_x\mathbf{i}+u_y\mathbf{j}+u_z\mathbf{k})}$$

$$\Rightarrow\{\theta_3=\theta_1+\theta_2\}$$

2.2.4 QuaR 方法的优化

负采样技术在知识图谱嵌入[15]和词嵌入[20]领域已被证明效果显著[16]。在 QuaR 方法中,使用类似于负采样[16]的损失函数优化基于距离的 QuaR 方法。优化 QuaR 方法的损失函数如式(2.22)所示。

$$L=-\log\sigma(\gamma-f_r(\boldsymbol{h},\boldsymbol{t}))-\frac{1}{k}\sum_{i}^{n}\log\sigma(f_r(\boldsymbol{h}'_i,\boldsymbol{t}'_i)-\gamma)\tag{2.22}$$

其中,σ 是 Sigmoid 激活函数;γ 是定值边缘超参数;$f_r(\cdot)$是如式(2.14)所示的得分

函数；k 是嵌入维度；$(\boldsymbol{h}_i', r, \boldsymbol{t}_i')$是第 i 个负例三元组。

2.3 链接预测实验评估

链接预测(Link Prediction)是知识图谱补全方法的评估任务之一，旨在对知识图谱中缺失的实体或关系进行预测，即$(h,r,?)$、$(?,r,t)$和$(h,?,t)$3 种补全任务。本节将使用链接预测任务评估 QuaR 方法的知识图谱补全实验效果。在本书的链接预测实验中，参考文献[13]，对测试集中每个事实三元组(h,r,t)的头实体 h 或尾实体 t，使用测试集所有实体代替，以生成新的样本集。对新样本集使用评分函数 $f_r(\boldsymbol{h},\boldsymbol{t})$计算得分，并从高到低排序，最终获得正确实体的排名。

2.3.1 数据集

本节使用 WN18RR[21] 和 FB15k-237[22] 两个基准数据集进行链接预测实验，进而评估 QuaR 方法的性能。WN18RR 是从 WordNet[23] 抽取的 WN18 数据集[13] 的子集，FB15k-237 是从 Freebase[24] 抽取的 FB15k 数据集[13] 的子集。FB15k 和 WN18 数据集包含一些可显著提高实验结果的可逆关系[22]，因此，为保证实验结果的准确性，研究者将 FB15k 和 WN18 数据集中具有可逆关系的三元组删除，分别得到两个子集 FB15k-237 和 WN18RR。FB15k-237 和 WN18RR 数据集的统计结果如表 2.3 所示。

表 2.3 FB15k-237 和 WN18RR 数据集

数据集	实体	关系	训练集	验证集	测试集
WN18RR	40943	11	86835	3034	3134
FB15k-237	14541	237	272115	17535	20466

2.3.2 评价指标

对于链接预测实验的评估，本书使用 3 个指标：平均排名(Mean Rank，MR)、平均倒数排名(Mean Reciprocal Rank,MRR)和前 N 名正确结果百分比(Hits@N)。较低的 MR、较高的 MRR 或较高的 Hits@N,表示被评估的方法具有较好的性能。

1. 平均排名 MR

平均排名 MR 依据补全方法的评分函数 $f_r(\boldsymbol{h},\boldsymbol{t})$,对所有负例三元组进行评分排名,以此计算正例三元组的 MR。详细地说,用 $\Gamma=\{\tau_1,\tau_2,\cdots,\tau_n\}$ 表示测试集,参考文献[13]的做法,分别使用数据集中除 h_i 外的所有实体,将测试集 Γ 中的第 i 个三元组 $\tau_i=(h_i,r_i,t_i)$ 的头实体 h_i 依次取代,进而得到与头实体 h_i 相关联的负例三元组集合 $N^h(\tau_i)$。则头实体 h_i 的预测排名计算方法如式(2.23)所示。

$$\text{rank}_i^h=1+\sum_{\tau_i'\in N^h(\tau_i)} I(f_r(\tau_i)<f_r(\tau_i')) \tag{2.23}$$

其中,rank_i^h 表示三元组 $\tau_i=(h_i,r_i,t_i)$ 的头实体 h_i 的预测排名;τ_i' 表示 τ_i 对应的负例三元组;$N^h(\tau_i)$ 表示使用除 h_i 外的所有实体,将三元组 $\tau_i=(h_i,r_i,t_i)$ 的头实体 h_i 依次取代后,得到的负例三元组集合;$f_r(\cdot)$ 表示评分函数,若 $f_r(\tau_i)<f_r(\tau_i')$ 为真,则 $I(f_r(\tau_i)<f_r(\tau_i'))$ 的值为 1,否则为 -1。

同理,$\tau_i=(h_i,r_i,t_i)$ 的尾实体 t_i 的预测排名计算方法如式(2.24)所示。

$$\text{rank}_i^t=1+\sum_{\tau_i'\in N^t(\tau_i)} I(f_r(\tau_i)<f_r(\tau_i')) \tag{2.24}$$

由式(2.23)和式(2.24)可得,测试集 $\Gamma=\{\tau_1,\tau_2,\cdots,\tau_n\}$ 中的实体预测时 MR 的计算方法如式(2.25)所示。

$$\text{MR}=\frac{1}{2|\Gamma|}\sum_{\tau_i\in\Gamma}(\text{rank}_i^h+\text{rank}_i^t) \tag{2.25}$$

其中,$|\Gamma|$ 表示测试集中三元组的数量。

MR 越小,表示被评估方法的性能越优。这是因为 MR 越小,正例三元组的排名越靠前。

2. 平均倒数排名 MRR

平均倒数排名 MRR 依据方法的评分函数 $f_r(\boldsymbol{h},\boldsymbol{t})$,对所有负例三元组进行评分排名，以此计算正例三元组的 MRR。对于测试集 $\Gamma=\{\tau_1,\tau_2,\cdots,\tau_n\}$，由式(2.23)和式(2.24)可得测试集 Γ 的第 i 个三元组 $\tau_i=(h_i,r_i,t_i)$的头实体 h_i 的预测排名rank_i^h和尾实体 t_i 的预测排名rank_i^t。又由rank_i^h 和rank_i^t 可得测试集 $\Gamma=\{\tau_1,\tau_2,\cdots,\tau_n\}$中的实体预测时 MRR 的计算方法，如式(2.26)所示。

$$\text{MRR}=\frac{1}{2\mid\Gamma\mid}\sum_{\tau_i\in\Gamma}\left(\frac{1}{\text{rank}_i^h}+\frac{1}{\text{rank}_i^t}\right) \tag{2.26}$$

与 MR 相反，MRR 越大，表示被评估方法的性能越优，正例三元组的排名越靠前。

3. 前 N 名百分比 Hits@N

Hits@N 是指正确实体的评分排名进入前 N 的比例。N 一般取值为 1、3、10，也就是说，一般使用 Hits@1、Hits@3 以及 Hits@10 评价实体预测的性能。Hits@N 越高，被评估方法的性能越优。

由式(2.23)和式(2.24)可得测试集 $\Gamma=\{\tau_1,\tau_2,\cdots,\tau_n\}$中的实体预测时 Hits@$N$ 的计算方法，如式(2.27)所示。

$$\text{Hits@}N=\frac{1}{2\mid\Gamma\mid}\sum_{\tau_i\in\Gamma}[I(\text{rank}_i^h\leqslant N)+I(\text{rank}_i^t\leqslant N)]\times 100\% \tag{2.27}$$

其中，若 $\text{rank}_i^h\leqslant N$ 为真，则 $I(\text{rank}_i^h\leqslant N)$为 1，否则为 0；同理，计算 $I(\text{rank}_i^t\leqslant N)$的值。

2.3.3 超参数设置

在 QuaR 方法中，本书使用 Adam[25] 优化器对验证集上的超参数进行微调，所有算法均由 Python 语言实现，所有实验均在具有 1755MHz 23 GD6 GeForce RTX 2080 Ti GPU 以及 64GB 内存的服务器上进行。

本书使用超参数的网格搜索，训练 QuaR 方法 3000 轮次，其超参数范围设置如下。

（1）嵌入维度 $K \in \{125,250,500,1000\}$。

（2）批量大小 $b \in \{256,512,1024\}$。

（3）Adam 优化器的初始化学习率 $a \in \{0.00001,0.00005,0.0001,0.0005\}$。

（4）固定间隔 $\gamma \in \{3,6,9,12,18\}$。

实体嵌入的实部和虚部统一初始化，关系嵌入的部分在 $-\pi \sim \pi$ 统一初始化。没有使用正则化，因为固定间隔 γ 可以防止 QuaR 方法的过拟合。QuaR 方法经过 3000 轮次迭代训练后，根据验证集上 Hits@10 的表现确定最优超参数，如表 2.4 所示。

表 2.4　QuaR 方法的最优超参数设置

超　参　数	WN18RR	FB15k-237
K	500	1000
b	512	1024
a	0.00005	0.00001
γ	6	9

2.3.4　实验结果分析

链接预测旨在预测三元组缺失的头实体或尾实体。在此任务中，由于没有头实体或尾实体，系统需要从知识图谱中对一组候选实体进行排序，并非仅仅给出一个最优结果。本节将 QuaR 方法与几个先进的方法进行比较，包括 DistMult[14]、ComplEx[15]以及 RotatE[16]。在 WN18RR 和 FB15k-237 两个基准数据集上的链接预测实验结果如表 2.5 和表 2.6 所示。

表 2.5　在 WN18RR 数据集上的链接预测结果

方　法	MR	MRR	Hits@10/%	Hits@3/%	Hits@1/%
DistMult	5110	0.425	49.1	44.0	39.0
ComplEx	5261	0.444	50.7	46.0	41.0
RotatE	3340	**0.476**	57.1	48.8	42.2
QuaR	**2864**	0.465	**57.9**	**51.0**	**42.7**

表 2.6　在 FB15k-237 数据集上的链接预测结果

方　法	MR	MRR	Hits@10/%	Hits@3/%	Hits@1/%
DistMult	254	0.241	41.9	26.3	15.5
ComplEx	339	0.247	42.8	27.5	15.8
RotatE	177	0.338	53.3	32.8	20.5
QuaR	**165**	**0.358**	**56.0**	**37.8**	**23.7**

从表 2.5 和表 2.6 可以看出，QuaR 方法优于许多先进的方法。QuaR 方法在两个数据集上的表现优于与其密切相关的 RotatE 方法（WN18RR 数据集上的 MRR 除外）。结果表明，QuaR 方法可以有效地捕获对称、反对称和组合关系模式，因为它们对应的关系在 FB15k-237 和 WN18RR 两个数据集中占比较高。

为确认评分函数，使用不同的评分函数重新实现 QuaR 方法，两个基准数据集 WN18RR 和 FB15k-237 上的 MRR 和 Hits@10 实验结果如表 2.7 所示。

表 2.7　不同评分函数的 QuaR 方法的 MRR 和 Hits@10

评分函数	FB15k-237		WN18RR	
	MRR	Hits@10/%	MRR	Hits@10/%
$-\|\boldsymbol{h}+\boldsymbol{r}-\boldsymbol{t}\|$	0.294	46.3	0.245	54.5
$\langle \boldsymbol{h},\boldsymbol{r},\boldsymbol{t}\rangle$	0.241	41.7	0.420	49.1
$-\|\boldsymbol{h}\circ\boldsymbol{r}-\boldsymbol{t}\|$	**0.358**	**56.0**	**0.465**	**57.9**

从表 2.7 可以看出，哈达玛乘积在 QuaR 方法中表现更好。QuaR 方法对头实体和尾实体的四元数嵌入作哈达玛乘积，并将关系四元数视为超复数空间中的旋转。因此，QuaR 方法的评分函数为 $f_r(\boldsymbol{h},\boldsymbol{t})=-\|\boldsymbol{h}\circ\boldsymbol{r}-\boldsymbol{t}\|$。

本章小结

本章针对知识图谱补全中关系建模能力不足问题，提出了一种基于四元数关系旋转的知识图谱补全方法，被命名为 QuaR。该方法利用四元数表示非常适合于向量空间中平滑旋转和空间变换参数化等优点，首先将头实体和尾实体映射到四元数向量空间，对应关系定义为四元数向量空间中头实体到尾实体的 Element-Wise 旋转，然后利用基于距离的目标函数计算三元组得分，据此判定三元组正确与否。

在链接预测实验任务上表明，本章提出的 QuaR 方法相比于同类方法，获得了更好的实验结果。

参考文献

[1] Goldman R. Understanding Quaternions[J]. Graphical Models，2011，73(2)：21-49.

[2] Harkin A A，Harkin J B. Geometry of Generalized Complex Numbers [J]. Mathematics Magazine，2004，77(2)：118-129.

[3] Hamilton W R. Elements of Quaternions[M]. London：Longmans，Green，& Company，1866.

[4] 张捍卫，喻铮铮，雷伟伟. 四元数的基本概念与向量旋转的欧拉公式[J]. 大地测量与地球动力学，2020，40(5)：502-506.

[5] 李志伟，李克昭，赵磊杰，等. 基于单位四元数的任意旋转角度的三维坐标转换[J]. 大地测量与地球动力学，2017，37(1)：81-85.

[6] 鹿珂珂，刘陵顺，唐大全. 旋转四元数表达约定判别方法及应用探讨[J]. 北京理工大学学报，2023，43(6)：657-664.

[7] 仲重亮，刘云峰，朱伟东，等. 面向口腔种植的机器人多姿态轨迹平滑规划[J]. 浙江大学学报(工学版)，2023，57(5)：1030-1037，1049.

[8] Markley F L. Unit Quaternion from Rotation Matrix[J]. Journal of Guidance，Control，and Dynamics，2008，31(2)：440-442.

[9] Shen W，Zhang B，Huang S，et al. 3D-Rotation-Equivariant Quaternion Neural Networks[C]//Proceedings of Computer Vision-ECCV 2020：16th European Conference. 2020：531-547.

[10] Marschner S，Shirley P. Fundamentals of Computer Graphics[M]. Carabasse：CRC Press，2021.

[11] Kuipers J B. Quaternions and Rotation Sequences：A Primer with Applications to Orbits，Aerospace，and Virtual Reality[M]. Princeton：Princeton University Press，1999.

[12] Bordes A，Weston J，Collobert R，et al. Learning Structured Embeddings of Knowledge Bases [C]//Proceedings of the Twenty-Fifth AAAI Conference on Artificial Intelligence. 2011：301-306.

[13] Bordes A，Usunier N，Garcia-Duran A，et al. Translating Embeddings for Modeling Multirelational Data[J]. Advances in Neural Information Processing Systems，2013：2787-2795.

[14] Yang B，Yih W，He X，et al. Embedding Entities and Relations for Learning and Inference in Knowledge Bases [C]//Proceedings of the 3rd International Conference on Learning

Representations. 2015: 1-13.

[15] Trouillon T, Welbl J, Riedel S, et al. Complex Embeddings for Simple Link Prediction[C]//Proceedings of the International Conference on Machine Learning. PMLR, 2016: 2071-2080.

[16] Sun Z, Deng Z H, Nie J Y, et al. Rotate: Knowledge Graph Embedding by Relational Rotation in Complex Space[C]//Proceedings of International Conference on Learning Representations. 2019: 1-18.

[17] Wang Z, Zhang J, Feng J, et al. Knowledge Graph Embedding by Translating on Hyperplanes[C]//Proceedings of the AAAI Conference on Artificial Intelligence. 2014: 1112-1119.

[18] Lin Y, Liu Z, Sun M, et al. Learning Entity and Relation Embeddings for Knowledge Graph Completion[C]//Proceedings of the AAAI Conference on Artificial Intelligence. 2015: 2181-2187.

[19] Nguyen D Q, Sirts K, Qu L, et al. STransE: A Novel Embedding Model of Entities and Relationships in Knowledge Bases[C]//Proceedings of NAACL-HLT. 2016: 460-466.

[20] Mikolov T, Sutskever I, Chen K, et al. Distributed Representations of Words and Phrases and Their Compositionality[J]. Advances in Neural Information Processing Systems, 2013: 3111-3119.

[21] Dettmers T, Minervini P, Stenetorp P, et al. Convolutional 2D Knowledge Graph Embeddings[C]//Proceedings of the AAAI Conference on Artificial Intelligence. 2018: 1811-1818.

[22] Toutanova K, Chen D. Observed Versus Latent Features for Knowledge Base and Text Inference[C]//Proceedings of the 3rd Workshop on Continuous Vector Space Models and Their Compositionality. 2015: 57-66.

[23] Miller G A. WordNet: A Lexical Database for English[J]. Communications of the ACM, 1995, 38(11): 39-41.

[24] Bollacker K, Evans C, Paritosh P, et al. Freebase: A Collaboratively Created Graph Database for Structuring Human Knowledge[C]//Proceedings of the 2008 ACM SIGMOD International Conference on Management of Data. ACM, 2008: 1247-1250.

[25] Kingma D P, Ba J. Adam: A Method for Stochastic Optimization[C]//Proceedings of the 3rd International Conference on Learning Representations. 2015.

第3章

基于四元数嵌入胶囊网络的知识图谱补全方法

深层次地挖掘三元组各维度属性信息，可以提高知识图谱完备化程度。因此，许多研究者应用卷积神经网络深层次地挖掘三元组各维度属性信息，以补全知识图谱。但是，在CNN中，卷积层的每个值均是线性加权求和，即标量；CNN的每层均需要相同的卷积操作，需要大量网络数据学习特征；同时，CNN不断池化操作，将导致一些重要的特征信息缺失，进而引起三元组属性语义信息缺失问题(C_2)。

针对上述问题(C_2)，本章利用胶囊网络(Capsule Network，CapsNet)在整个网络中最大限度地保留有价值的信息等优点，提出一种基于四元数嵌入胶囊网络的知识图谱补全方法，被命名为CapS-QuaR。实验结果表明，CapS-QuaR方法在链接预测任务和个性化搜索任务上是有效的。

3.1 胶囊网络的基本结构

CapsNet(胶囊网络)是最初由Geoffrey Hinton提出的一种全新的神经网络架构。与CNN相比，CapsNet的优点如下[1]。

(1) 在CNN中，每个神经元皆是标量，即数值；而CapsNet中，每个胶囊神经元皆是向量(向量神经元与标量神经元的区别如表3.1所示)，表示实体的属性，包括位置、大小等。因此，CapsNet 可编码知识图谱三元组的更多特征信息，并捕获实体和关系间的位置信息。

表 3.1 向量神经元与标量神经元的区别

比较内容		向量神经元	标量神经元
输入		$\boldsymbol{u}_i$	x_i
操作	转换	$\boldsymbol{U}_{j\|i}=\boldsymbol{W}_{ij}\boldsymbol{u}_i$	—
	加权求和	$\boldsymbol{s}_j=\sum_i c_{ij}\boldsymbol{U}_{j\|i}$	$a_j=\sum_i w_i x_i+b$
	非线性激活	$\boldsymbol{v}_j=\frac{\Vert\boldsymbol{s}_j\Vert}{1+\Vert\boldsymbol{s}_j\Vert}\cdot\frac{\boldsymbol{s}_j}{\Vert\boldsymbol{s}_j\Vert}$	$h_i=g(a_j)$
输出		$\boldsymbol{v}_j$	h_i

(2) CNN 的每层采用相同的卷积运算，需要大量网络数据学习和推断特征变量，耗时多且效率低。而 CapsNet 能够利用较少的数据学习并推断胶囊中某些特征变量，耗时少且效率高。

(3) CNN 的池化操作会导致大量有价值的特征信息缺失，因此不能很好地处理模糊性。而 CapsNet 的每个胶囊神经元皆是向量，包含大量信息，如实体的目标位置、大小等，并将这些信息保留于整个网络。

鉴于以上优点，本章将 CapsNet 引入知识图谱补全领域，以探索 CapsNet 的新应用。

一个简单的 CapsNet 由输入层(Input Layer)、卷积层(Convolutional Layer)、主胶囊层(Primary Capsule Layer)、数字胶囊层(Digital Capsule Layer)和输出层(Output Layer)5 部分组成[1]。其中，卷积层、主胶囊层和数字胶囊层是 CapsNet 的 3 个隐藏层。

一个简单的 CapsNet 结构如图 3.1 所示。

下面分别介绍 CapsNet 的 3 个隐藏层。

1. 卷积层

在 CapsNet 的卷积层中，包含若干特征图(Feature Map)，每个特征图由多个神经

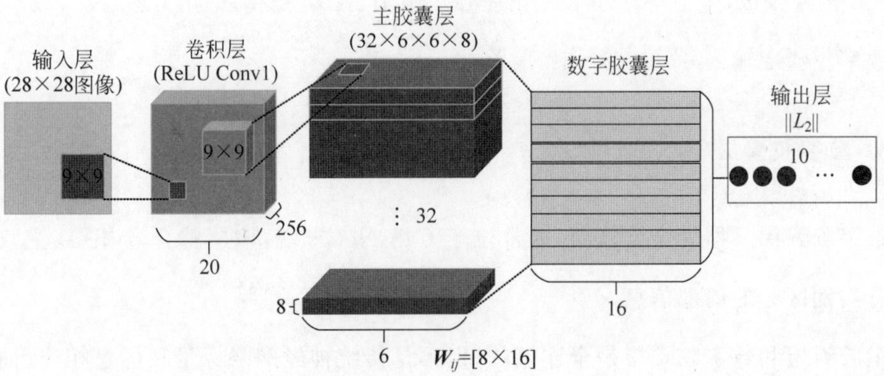

图 3.1　CapsNet 结构

元组成,同一特征图中的神经元共享权重(卷积核)。卷积核可实现为权重矩阵,通常以随机小数初始化,并在训练过程中获得恰当的权重。卷积层通过卷积操作将其神经元与输入层的特征图进行局部连接(提取输入层的不同特征),再利用激活函数进行处理,进而获得卷积层每个神经元的输出值。因此,CapsNet 的卷积层可提取局部特征(不同卷积核提取不同特征)。CapsNet 卷积层的形式化定义如式(3.1)所示。

$$A_i^l = g\left(\sum_{j \in M_j} A_j^{l-1} * \boldsymbol{k}_i^l + b_i^l\right) \tag{3.1}$$

其中,A_i^l 表示卷积层 l 和第 i 个卷积核卷积后得到的特征图; $g(\cdot)$表示激活函数,如 ReLU; M_j 表示第 $l-1$ 层输出的特征图集合; A_j^{l-1} 表示第 $l-1$ 层输出的第 j 个特征图; $\boldsymbol{k}_i^l$ 表示第 l 层卷积核矩阵; b_i^l 表示卷积操作后对特征图的偏置; $*$ 表示卷积操作。

在图 3.1 的卷积层中,有 256 个步长为 1 的 9×9×1 卷积核,使用 ReLU 激活。卷积层输出 20×20×256 张量,即向主胶囊层输入 20×20×256 张量。

2. 主胶囊层

在 CapsNet 中,每个胶囊由许多神经元构成,每个神经元的输出代表同一物体的不同属性。主胶囊层将卷积层提取的特征图转换为向量胶囊,然后通过动态路由规则将主胶囊层与数字胶囊层连接输出最终的结果。

在图 3.1 的主胶囊层中,有 32 个主胶囊,将卷积层提取的特征图转换为向量胶囊。32 个主胶囊本质上和卷积层相似。每个胶囊将 8 个 9×9×256 卷积核应用到 20×

20×256 输入张量，生成 6×6×8 输出张量。共有 32 个胶囊，输出 6×6×8×32 张量，即向数字胶囊层输入 6×6×8×32 张量。

3. 数字胶囊层

数字胶囊层又称为全连接层，通常位于 CapsNet 末端，该层整合卷积层、主胶囊层中具有类别区分的局部信息。

主胶囊层和数字胶囊层是全连接的，但不是传统神经网络标量和标量相连，而是向量与向量相连。

为提升 CapsNet 性能，全连接层每个神经元的激活函数一般采用 ReLU。

全连接层在卷积层和主胶囊层之后，在整个 CapsNet 中执行回归分类任务。

在图 3.1 的数字胶囊层中，有 10 个数字胶囊层，每个胶囊对应一个数字。每个胶囊有一个 6×6×8×32 张量作为输入。可将该张量看成 6×6×32 的 8 维向量，即 1152 维输入向量。在数字胶囊内部，每个输入向量通过 8×16 权重矩阵将 8 维输入空间映射到 16 维胶囊输出空间，即输出 10 个 16 维向量。

3.2 CapS-QuaR 方法

本节针对基于深层网络的知识图谱补全方法存在三元组语义信息缺失问题(C_2)，提出 CapS-QuaR 方法。该方法将实体、关系的四元数嵌入向量(即 QuaR 方法的训练结果)作为本章优化后的胶囊网络的输入，以学习实体和关系的向量表示；尽可能全面捕获三元组的语义信息，从而有效进行知识图谱补全。

3.2.1 动机

TransE[2]、DistMult[3]、ComplEx[4]和 RotatE[5]等知识图谱补全方法使用加法、减法或简单的乘法运算建模关系；仅能捕获实体间的线性关系；不能深层次地挖掘三元组各维度属性信息[6]。

由于卷积神经网络可用于深层次地表示学习属性特征，近年来许多研究者开始应用 CNN 补全知识图谱，如 ConvE[7]、ConvKB[8]、HypER[9] 等知识图谱嵌入模型。但是，在 CNN 中，卷积层的每个值均是线性加权求和，即标量；卷积神经网络的每层均需要相同的卷积操作，需要大量网络数据学习特征。同时，CNN 不断池化操作，将导致一些重要的特征信息缺失[1]，进而引起三元组语义信息缺失问题。

为解决该问题，Vu 等[6]鉴于 CapsNet 具有可编码更多特征信息、较少的学习数据、耗时少、效率高、特征信息保留于整个网络等优点，提出了 CapsE 模型，该模型将 TransE 模型的训练结果（实体及关系的嵌入向量）作为 CapsNet 的输入；经过 CapsNet 的卷积、重组、动态路由以及内积等操作后，获得三元组得分；判断三元组正确与否，进而补全知识图谱。

但是，CapsE 模型却存在以下问题：在表征不同实体外部依赖关系方面，表现力较差；TransE 模型不能建模对称关系，这是因为任何对称关系在 TransE 模型中都将由一个 **0** 翻译向量表示[5]。

因此，受 CapsE[6] 模型的启发，本节提出 CapS-QuaR 方法，该方法将建模能力较强的 QuaR 方法的训练结果作为本章优化后的 CapsNet 的输入，经过 CapsNet 的一系列操作运算后，得到三元组得分，以便有效补全知识图谱，如图 3.2 所示。

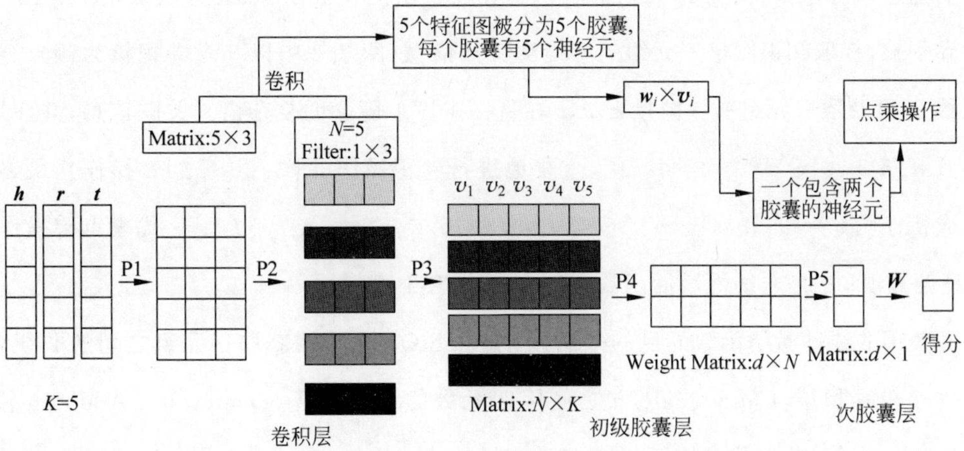

图 3.2　CapS-QuaR 方法架构

3.2.2 CapS-QuaR 的输入

(h, r, t)三元组是知识图谱的基本组成单位，CapS-QuaR 方法使用 QuaR 方法训练得到的头实体 h、关系 r 和尾实体 t 对应的 K 维嵌入向量 $\boldsymbol{h}$、$\boldsymbol{r}$ 和 $\boldsymbol{t}$（图 3.2 中 $K=5$）作为相应输入向量的初始化值。

3.2.3 CapS-QuaR 的组合操作

经过输入向量的初始化操作得到 K 维嵌入向量 $\boldsymbol{h}$、$\boldsymbol{r}$ 和 $\boldsymbol{t}$ 后，CapS-QuaR 方法通过组合操作（图 3.2 中的 P1 操作）将 $\boldsymbol{h}$、$\boldsymbol{r}$ 和 $\boldsymbol{t}$ 组合，得到一个 $K\times 3$ 的矩阵，如图 3.2 中的 Matrix：5×3 所示。该矩阵形式化定义为 $\boldsymbol{A}=[\boldsymbol{h},\boldsymbol{r},\boldsymbol{t}]\in\mathbb{H}^{K\times 3}$，其中 $\boldsymbol{A}_{i,:}\in\mathbb{H}^{1\times 3}$ 代表矩阵 $\boldsymbol{A}$ 的第 i 行。

3.2.4 CapS-QuaR 的卷积操作

经过组合操作，得到 $K\times 3$ 的矩阵后，在卷积层上，CapS-QuaR 方法采用$\boldsymbol{\omega}\in\mathbb{H}^{1\times 3}$ 的卷积核，提取知识图谱三元组的多维度特征信息（图 3.2 中以 5 个卷积核为例）。卷积核 $\boldsymbol{\omega}$ 可获取三元组嵌入向量 $\boldsymbol{h}, \boldsymbol{r}, \boldsymbol{t}$ 在每一维度上隐含的复杂语义关联信息，并在矩阵 $\boldsymbol{A}=[\boldsymbol{h},\boldsymbol{r},\boldsymbol{t}]\in\mathbb{H}^{K\times 3}$ 的每行上，重复地进行卷积操作（图 3.2 中的 P2 操作），最终，生成特征图 $\boldsymbol{q}=[q_1, q_2, \cdots, q_K]\in\mathbb{H}^K$。其中，$q_i=g(\boldsymbol{\omega}\cdot\boldsymbol{A}_{i,:}+b)$；$\cdot$ 代表点乘操作；b 是偏置项；g 是非线性激活函数（Sigmoid 或 ReLU）。

使用非线性激活函数的目的是可以让 CapS-QuaR 方法获取三元组之间的非线性特性。在卷积层，CapS-QuaR 方法使用四元数的加法运算（Quaternion Addition，见 2.1.3 节）计算 K 个胶囊的值（图 3.2 中 $K=5$）。

3.2.5　CapS-QuaR 的重组操作

对卷积操作生成的特征图 $\boldsymbol{q}=[q_1,q_2,\cdots,q_K]\in\mathbb{H}^K$，进行重组操作（图 3.2 中的 P3 操作），最终构建胶囊（v_1,v_2,v_3,v_4,v_5），所有特征图的相同维度属性，均被封装进对应的胶囊。

胶囊是一组神经元，表示向量中特定类型实体的实例化参数，可以表示知识图谱中特定实体或关系的各种特征。

因此，每个胶囊可以捕获嵌入在三元组中的相应维度的不同特征，从而产生另一个较小维度的胶囊。这些较小的胶囊，被作为次胶囊层（Second Capsule Layer）中的一个胶囊，并产生一个和权重向量 $\boldsymbol{W}\in\mathbb{H}^{d\times1}$ 进行点乘操作（图 3.2 中的 P4 操作）的向量，并将点乘的值作为三元组得分，分数越低，三元组越正确。

在胶囊层，CapS-QuaR 方法使用 Quaternion Product、Quaternion Addition 和 Quaternion Norm 计算胶囊的值。

3.2.6　CapS-QuaR 的动态路由操作

经过重组操作获得胶囊 v_i 后，初级胶囊层（First Capsule Layer）包含 K 个胶囊，每个胶囊 $i\in\{1,2,\cdots,K\}$ 有一个向量$\boldsymbol{v}_i\in\mathbb{H}^{N\times1}$ 输出，向量$\boldsymbol{v}_i$ 和权重矩阵 $\boldsymbol{w}_i\in\mathbb{H}^{d\times N}$ 进行点乘操作（图 3.2 中的 P4 操作），得到向量 $\hat{\boldsymbol{v}}_i\in\mathbb{H}^{d\times1}$，将向量 $\hat{\boldsymbol{v}}_i$ 求和生成胶囊向量 $\boldsymbol{s}\in\mathbb{H}^{d\times1}$，如式(3.2)所示，胶囊向量 $\boldsymbol{s}$ 作为次胶囊层（数字胶囊层）的输入。胶囊 $\boldsymbol{s}$ 通过如式(3.3)所示的激活函数 squash(·)进行非线性压缩，生成次胶囊层的输出向量 $\boldsymbol{e}\in\mathbb{H}^{d\times1}$。

$$\hat{\boldsymbol{v}}_i=\boldsymbol{w}_i\times\boldsymbol{v}_i;\quad \boldsymbol{s}=\sum c_i\hat{\boldsymbol{v}}_i \tag{3.2}$$

$$\boldsymbol{e}=\text{squash}(\boldsymbol{s})=\frac{\|\boldsymbol{s}\|}{1+\|\boldsymbol{s}\|}\cdot\frac{\boldsymbol{s}}{\|\boldsymbol{s}\|} \tag{3.3}$$

其中，c_i 是耦合系数，在次胶囊层中，迭代执行路由操作（图 3.2 中的 P5 操作）计算其值。也就是说，c_i 的值由动态路由算法(算法 3.1)确定[6]。

算法 3.1: 动态路由算法

输入: 低层胶囊向量$\hat{\boldsymbol{v}}_i$

输出: 高层胶囊向量$\boldsymbol{e}$

for 低层上的所有胶囊向量 **do**

  $b_i \leftarrow 0;$ // 初始化参数

  for iteration $= 1, 2, \cdots, K$ **do**

    $c \leftarrow \text{softmax}\,(b);$ // 归一化

    $\boldsymbol{s} \leftarrow \sum_{i=1}^{k} c_i \hat{\boldsymbol{v}}_i$

    $\boldsymbol{e} \leftarrow \frac{\|\boldsymbol{s}\|}{1+\|\boldsymbol{s}\|} \frac{\boldsymbol{s}}{\|\boldsymbol{s}\|};$ // 非线性压缩

    for 低层上的所有胶囊向量 **do**

      $b_i \leftarrow b_i + \hat{\boldsymbol{v}}_i \cdot \boldsymbol{e};$ // 更新参数

3.2.7 CapS-QuaR 的内积操作

经过动态路由操作后，次胶囊层得到一个输出向量 $\boldsymbol{e} \in \mathbb{H}^{d\times 1}$，CapS-QuaR 方法将向量 $\boldsymbol{e}$ 与权重向量 $\boldsymbol{W} \in \mathbb{H}^{d\times 1}$ 进行点乘操作，其值为三元组的得分，据此判断三元组正确与否，分数越低，三元组越正确。CapS-QuaR 方法的三元组评分函数如式(3.4)所示。

$$f_r(\boldsymbol{h},\boldsymbol{t}) = \|\ \text{caps}(g([\boldsymbol{h},\boldsymbol{r},\boldsymbol{t}] * \Omega))\ \| \cdot \boldsymbol{W} \tag{3.4}$$

其中，Ω 是卷积核集，$\boldsymbol{W}$ 是权重向量，Ω 和 $\boldsymbol{W}$ 共享超参数；$g(\cdot)$为激活函数，CapS-QuaR 方法采用了在卷积层上表现更好的 ReLU 作为激活函数；$*$ 是卷积操作符；caps($\cdot$)表示胶囊网络的重组和动态路由操作；$[\boldsymbol{h},\boldsymbol{r},\boldsymbol{t}]$表示 CapS-QuaR 方法的输入矩阵，该矩阵由 QuaR 方法训练得到；$\cdot$ 代表点乘(内积)操作。

3.2.8 CapS-QuaR 的优化

给定事实三元组(h,r,t)，CapS-QuaR 方法使用如式(3.4)所示的三元组评分函数

获取三元组得分。对于正确的三元组，期望其得分越低越好；对于错误的三元组，期望其得分越高越好。CapS-QuaR 方法将如式(3.5)所示的损失函数 L 作为算法优化的训练目标。

$$L=\sum_{(h,r,t)\in\{T\cup T'\}}\ln\{1+\exp[\theta\cdot f_r(\boldsymbol{h},\boldsymbol{t})]\}+\lambda\|\boldsymbol{W}\|_2^2 \tag{3.5}$$

其中，$\|\boldsymbol{W}\|_2^2$ 是正则项；λ 是正则项的权重；T 是正例三元组集合；T'是负例三元组集合；θ 的值依赖于三元组正确与否，如式(3.6)所示。

$$\theta=\begin{cases}-1, & (h,r,t)\in T\\ 1, & (h,r,t)\in T'\end{cases} \tag{3.6}$$

负例三元组 T'的构造方式如式(3.7)所示，将正例三元组 T 的头实体和尾实体分别用数据集所有实体替代，但不能同时替代。

$$T'=\{(h',r,t)\mid h'\in E\ncong\bigcup_{t'\in E}(h,r,t')\} \tag{3.7}$$

本章使用 Adam 优化器[10]训练 CapS-QuaR 方法，并使用 ReLU 作为卷积层的激活函数，算法 3.2 详细描述了 CapS-QuaR 方法的优化过程，具体如下。

首先，使用 QuaR 方法训练的三元组矩阵来初始化实体和关系的嵌入(算法 3.2 的第 13 行)。

其次，采用卷积运算和动态路由训练三元组矩阵。具体过程如下。

(1) 从训练集 S 中小批量采样(算法 3.2 的第 6 行)。

(2) 对于每个三元组，采样一个负例三元组(算法 3.2 的第 9 行)。

(3) 对小批量采样进行得分预测(算法 3.2 的第 16 行)和损失校正(算法 3.2 的第 18 行)。

(4) 使用 Adam 优化器更新参数。算法根据其在验证集上的性能表现而终止。

算法 3.2: CapS-QuaR的优化算法

输入: QuaR方法的输入，即训练集$S=(h,r,t)$、实体集E、关系集R、边缘间隔参数γ和向量空间维度K

输出: 实体和关系的向量表示

1 **初始化:** $\boldsymbol{r}\leftarrow$ uniform$(-\frac{\gamma}{K},\frac{\gamma}{K})$ for each $r\in R$

2 $\boldsymbol{r}\leftarrow\frac{r}{\|r\|}$ for each $r\in R$

3 $\boldsymbol{e} \leftarrow \text{uniform}(-\frac{\gamma}{K}, \frac{\gamma}{K})$ for each $e \in E$

/* 不同的数据集有不同的迭代次数 */

4 **for** iteration $= 1, 2, \cdots, N$ **do**

5 $\boldsymbol{e} \leftarrow \frac{e}{\|e\|}$ for each $e \in E$

6 $S_{\text{batch}} \leftarrow \text{sample}(S, b)$; // 批量采样

7 $T_{\text{batch}} \leftarrow \varnothing$; // 初始化三元组集合

8 **for** $(h, r, t) \in S_{\text{batch}}$ **do**

9 $(h', r, t') \leftarrow \text{sample}(S'_{(h,r,t)})$; // 采样负例三元组

10 $T_{\text{batch}} \leftarrow T_{\text{batch}} \cup \{((h, r, t), (h', r, t'))\}$

11 更新QuaR的损失函数:

12 $-\frac{1}{K}\sum_{i=1}^{n}\log\sigma(f_r(\boldsymbol{h}'_i, \boldsymbol{t}'_i) - \gamma) - \log\sigma(\gamma - f_r(\boldsymbol{h}, \boldsymbol{t}))$

/* 将QuaR训练得到的嵌入向量输入给CapS-QuaR */

13 **CapS-QuaR的输入:** $\leftarrow [\boldsymbol{h}, \boldsymbol{r}, \boldsymbol{t}] \in \mathbb{H}^{K \times 3}$

14 for iteration $= 1, 2, \cdots, N$ **do**

15 迭代操作7~12行

16 计算得分函数 $f_r(h, t) = \|\text{caps}(g([\boldsymbol{h}, \boldsymbol{r}, \boldsymbol{t}] * \Omega))\| \cdot \boldsymbol{W}$

17 更新CapS-QuaR的损失函数:

18 $\sum_{(h,r,t) \in T_{\text{batch}}} \ln(1 + \exp(\theta \cdot f_r(\boldsymbol{h}, \boldsymbol{t}))) + \lambda \|\boldsymbol{W}\|_2^2$

3.3 实验结果分析与讨论

3.3.1 链接预测实验评估

1. 数据集

为验证 CapS-QuaR 方法可以获取三元组各维度的特征信息，使用 WN18RR[7] 和 FB15k-237[11] 两个标准数据集进行实验验证。WN18RR 和 FB15k-237 分别是 WN18 和 FB15k[2] 数据集的子集。为了使实验结果更加准确，WN18RR 和 FB15k-237 通过过滤掉 WN18 和 FB15k 中的所有可逆三元组得到。数据集的统计结果在本书第 2 章已述，不再赘述。

2. 评价指标设置

选择平均排名(MR)、平均倒数排名(MRR)以及 Hits@N,作为 CapS-QuaR 方法的链接预测实验的评价指标。

MR 表示所有事实三元组的平均排名,较低的 MR 值代表更好的性能,其计算公式参见式(2.25)。

MRR 表示所有事实三元组的平均倒数排名,较高的 MRR 值代表更好的性能,其计算公式参见式(2.26)。

Hits@N 是指所有事实三元组在前 N 个中的百分比;较高的 Hits@N 值代表更好的性能,其计算公式参见式(2.27)。

3. 超参数设置

在 CapS-QuaR 方法中,使用 Adam[10] 作为优化器,并微调验证集上的超参数。所有实验均在具有 1755MHz 23 GD6 GeForce RTX 2080 Ti GPU 以及 64GB 内存的服务器上进行。

使用本书第 2 章 QuaR 方法生成的实体和关系嵌入,初始化 CapS-QuaR 方法的实体和关系嵌入。CapS-QuaR 方法的超参数范围设置如下。

(1) 实体和关系的嵌入维数由 QuaR 方法确定。

(2) 第 2 层胶囊中的批次大小 $b \in \{128,256,512\}$。

(3) 路由算法中的迭代次数 $m \in \{1,3,5,7,9\}$。

(4) 卷积层的卷积核数量 $N \in \{50,100,200,400,800\}$。

(5) Adam 优化器的初始化学习率 $a \in \{0.00001,0.00005,0.0001,0.0005,0.001\}$。

(6) 正则项的参数 λ 设置为 0.001。

(7) 权重向量 $\boldsymbol{W}$ 由正态分布函数初始化,最终在 CapS-QuaR 方法的训练阶段确定。

训练 CapS-QuaR 方法 500 轮次,每训练 10 轮次后监控 Hits@10 数值,以选择最优超参数。根据验证集上 Hits@10 的表现,确定最优超参数,如表 3.2 所示。

表 3.2 CapS-QuaR 方法的最优超参数设置

超参数	WN18RR	FB15k-237
K	100	100
b	128	128
m	1	1
N	400	50
a	0.00001	0.0001
λ	0.001	0.001

4. 实验结果分析与讨论

本章将 CapS-QuaR 方法与几个先进的方法进行比较，包括 TransE[2]、DistMult[3]、ComplEx[4]、ConvKB[8]、RotatE[5]、CapsE[6]、ConvE[7] 以及本书第 2 章的 QuaR 方法。在 WN18RR 和 FB15k-237 两个基准数据集上的链接预测实验结果如表 3.3 和表 3.4 所示。

表 3.3 在 WN18RR 数据集上的链接预测结果

方法	MR	MRR	Hits@10/%	Hits@3/%	Hits@1/%
DistMult	5110	0.425	49.1	44.0	39.0
ComplEx	5261	0.444	50.7	46.0	41.0
ConvE	4187	0.433	51.5	44.0	40.0
KBGAN	—	0.213	48.1	—	—
M3GM	1864	0.311	53.3	—	39.4
TransE	743	0.245	56.0	—	—
ConvKB	763	0.253	56.7	—	—
CapsE	719	0.415	56.0	—	33.7
RotatE	3340	**0.476**	57.1	48.8	42.2
KBAT	1940	0.440	58.1	48.3	36.1
QuaR	2864	0.465	57.9	46.0	42.7
CapS-QuaR	**706**	0.436	**58.5**	**51.0**	**43.0**

注：KBGAN、M3GM 和 KBAT 方法的实验结果分别来自文献[12-14]；TransE 和 ConvKB 的实验结果来自 CapsE[6]；其他的实验结果来自 ConvE[7]。

表 3.4　在 FB15k-237 数据集上的链接预测结果

方　法	MR	MRR	Hits@10/%	Hits@3/%	Hits@1/%
DistMult	254	0.241	41.9	26.3	15.5
ComplEx	339	0.247	42.8	27.5	15.8
ConvE	244	0.325	50.1	35.6	23.7
KBGAN	—	0.278	45.8	—	
M3GM	—	—	—	—	—
TransE	347	0.294	46.5	—	—
ConvKB	254	0.418	53.2	—	—
CapsE	303	0.523	59.3	—	**47.8**
RotatE	177	0.338	53.3	32.8	20.5
KBAT	210	0.518	**62.6**	54.0	46.0
QuaR	**165**	0.358	56.0	37.8	23.7
CapS-QuaR	238	**0.525**	61.8	**55.4**	44.0

注：KBGAN 和 KBAT 方法的实验结果分别来自文献[12]和文献[14]；TransE 和 ConvKB 方法的实验结果来自 CapsE[6]；其他的实验结果来自 ConvE[7]。

CapS-QuaR 方法优于许多先进的方法。CapS-QuaR 方法在两个数据集上的表现优于其密切相关的 QuaR 方法（FB15k-237 数据集上的 MR 和 WN18RR 数据集上的 MRR 除外），尤其在 FB15k-237 数据集上，CapS-QuaR 方法的 MRR 相对提升了约 46.6%（0.525－0.358＝0.167），Hits@10 提升了 5.8 个百分点。

CapS-QuaR 方法在 FB15k-237 和 WN18RR 两个数据集上的表现优于 CapsE 方法，尤其在 FB15k-237 数据集上，CapS-QuaR 方法的 MR 相对提升了约 27%（303－238＝65），Hits@10 提升了 2.5 个百分点；同时，CapsE 和 ConvKB 方法获得了相近的 MR 得分；CapsE 与 RotatE 方法相比，MRR 相对提升了 54.7%。这表明基于胶囊网络的方法在链接预测方面，明显优于一些最先进的补全方法。

为验证四元数和胶囊网络的结合对不同类型关系具有较强的建模能力，在 WN18RR 数据集上使用不同的关系进行表示学习，每个关系的 MRR 和 Hits@10 如表 3.5 所示。从表 3.5 可以看出，CapS-QuaR 方法在知识图谱补全方面具有卓越的表示能力。

表 3.5 WN18RR 测试集中每个关系的 Hits@10(以%为单位)和 MRR

关系名称	Hits@10/%		MRR	
	CapsE	CapS-QuaR	CapsE	CapS-QuaR
similar_to	100.0	**100.0**	0.500	**0.600**
member_of_domain_usage	39.6	**42.8**	0.180	**0.424**
member_of_domain_region	36.5	**39.4**	0.150	**0.424**
verb_group	**97.4**	96.3	0.740	**0.951**
also_see	74.1	**74.9**	0.600	**0.630**
synset_domain_topic_of	47.4	**53.7**	0.270	**0.515**
instance_hypernym	60.0	**67.2**	0.350	**0.385**
has_part	37.5	**42.7**	0.160	**0.256**
member_meronym	26.9	**34.6**	0.130	**0.180**
derivationally_related_form	**97.2**	87.3	**0.890**	0.670
hypernym	28.3	**34.3**	0.110	**0.176**

为验证四元数和胶囊网络的结合,可以有效建模各种关系模式,将 FB15k-237 测试集中的关系分为 3 类:对称(Sym)、反对称(Ant)和组合(Com)。FB15k-237 数据集中每种关系类别的头实体和尾实体的 Hits@10 和 MRR 的实验结果如图 3.3 所示。从图 3.3 可以看出,CapS-QuaR 方法在头实体和尾实体预测方面均优于 CapsE 方法,表明四元数和胶囊网络的结合可显著提高链接预测任务的实验结果,进而可以有效建模各种关系模式。

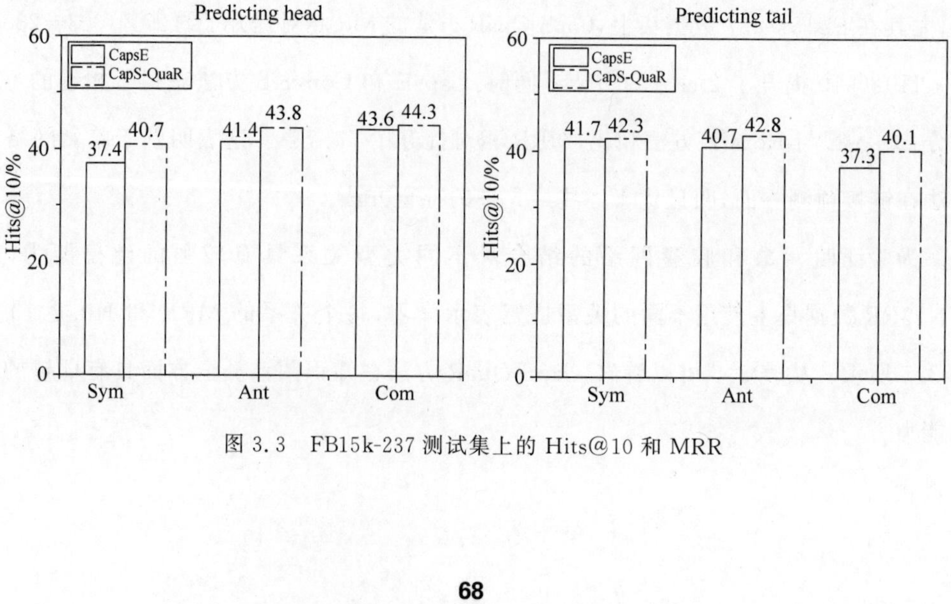

图 3.3 FB15k-237 测试集上的 Hits@10 和 MRR

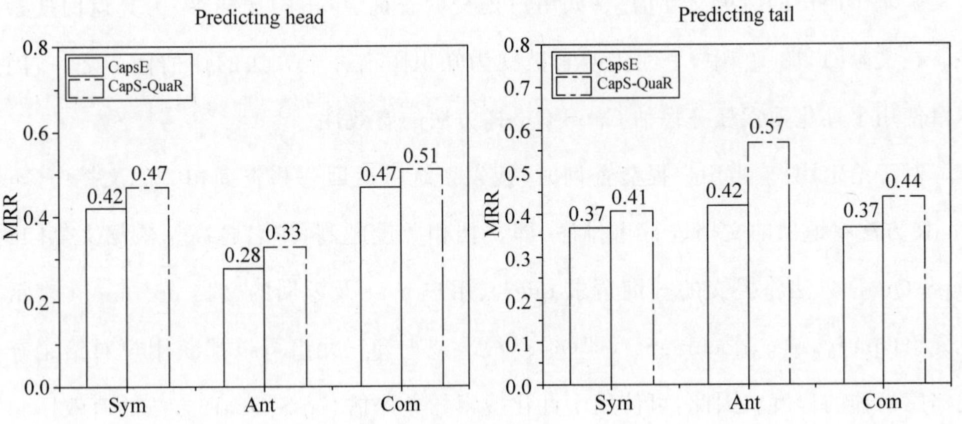

图 3.3 （续）

为确认评分函数，使用不同的评分函数重新实现 CapS-QuaR 方法。在两个基准数据集 WN18RR 和 FB15k-237 上，不同评分函数下 CapS-QuaR 方法的 MRR 和 Hits@10 实验结果如表 3.6 所示。

表 3.6　不同评分函数的 CapS-QuaR 方法的 MRR 和 Hits@10

评分函数	FB15k-237		WN18RR	
	MRR	**Hits@10/%**	**MRR**	**Hits@10/%**
$\text{concat}(g([\boldsymbol{h},\boldsymbol{r},\boldsymbol{t}]*\Omega))\cdot\boldsymbol{W}$	0.418	53.2	0.253	56.7
$\Vert\text{capsnet}(g([\boldsymbol{h},\boldsymbol{r},\boldsymbol{t}]*\Omega))\Vert$	0.523	59.3	0.415	56.0
$\Vert\text{caps}(g([\boldsymbol{h},\boldsymbol{r},\boldsymbol{t}]*\Omega))\Vert\cdot\boldsymbol{W}$	**0.525**	**61.8**	**0.436**	**58.5**

从表 3.6 可以看出，CapS-QuaR 方法比与其密切相关的基于胶囊网络的 CapsE 方法具有更好的性能；CapS-QuaR 方法使用四元数嵌入（QuaR）的三元组作为输入，使胶囊具有特定的语义信息，为补全知识图谱提供重要的参考信息；CapS-QuaR 方法将头尾实体四元数转换为相应的胶囊进行处理，通过路由操作得到更高层的胶囊，将胶囊的大小作为判断三元组是否正确的依据。因此，CapS-QuaR 方法的评分函数为 $f_r(\boldsymbol{h},\boldsymbol{t})=\Vert\text{caps}(g([\boldsymbol{h},\boldsymbol{r},\boldsymbol{t}]*\Omega))\Vert\cdot\boldsymbol{W}$。

3.3.2　个性化搜索实验评估

近年来，个性化搜索受到业界[15-18]的广泛关注。与传统的搜索方式不同，个性化搜索是基于用户的历史交互信息(如用户提交的查询、单击的文档等)为其返回搜索结果。在文献[1,18-19]中,个性化搜索被视为知识图谱补全方法的评估任务之一,因此本章使用个性化搜索任务评估 CapS-QuaR 方法的有效性。

对于给定用户,当用户提交查询时,搜索系统将返回一些查询相关的文档。CapS-QuaR 方法将返回的文档进行重排序,即文档相关度越高,排名越高。依据文献[18],CapS-QuaR 方法将提交的查询请求 query、用户 user 及返回的文档 document 表示成三元组(query,user,document),即(h,r,t)。该查询三元组可以捕获用户对给定查询文档感兴趣的程度。因此,可使用个性化搜索任务评估 CapS-QuaR 方法的有效性。

1. 数据集

使用 SEARCH17[18]数据集评估 CapS-QuaR 方法在个性化搜索任务上的有效性。在 SEARCH17 数据集中,包含由大型 Web 搜索引擎提供的 106 个匿名用户的查询日志。一个日志实体不仅包含用户 user、查询请求 query 和排名 TOP10 的查询文档 document,而且还包含用户单击文档时的停留时间。根据机器学习的常规策略,将 SEARCH17 数据集划分为训练集、验证集和测试集。训练集包含 5658 个有效三元组和 40239 个无效三元组;验证集包含 1184 个有效三元组和 7882 个无效三元组;测试集包含 1860 个有效三元组和 8540 个无效三元组。基于 SEARCH17 数据集的分析,对称关系模式在此数据集中是主要的关系模式。在测试集中,包含 77.3%的对称关系模式、21%的反对称关系模式以及 1.7%的组合关系模式[6]。

2. 评价指标

使用 CapS-QuaR 方法重排序搜索引擎返回的原始文档列表。具体步骤如下:首先利用如式(3.4)所示的评分函数计算每个三元组得分;其次对三元组得分降序排序,进而获得新的文档列表。排序过程中,CapS-QuaR 方法使用平均倒数排名(MRR)和 Hits@1 作为实验的评估指标,指标值越大排序越靠前。

3. 参数设置

参考文献[18]的做法,初始化查询请求、用户配置文件以及文档嵌入。在实验中,首先使用隐含狄利克雷分布(Latent Dirichlet Allocation,LDA)主题模型训练从查询日志中提取相关文档,获得200个主题;然后使用LDA模型推理计算每个返回文档的主题概率分布。将每个返回文档的主题概率分布向量视为文档嵌入(即嵌入维度 $K=200$)。在个性化搜索任务中,CapS-QuaR方法将批处理大小设置为128,即 $b=128$。将第2层胶囊层的胶囊神经元个数设置为8,即 $d=8$。将路由算法中的迭代次数设置为2,即 $m=2$。使用ReLU作为卷积层的激活函数。

个性化搜索实验的超参数设置与链接预测实验相同。在CapS-QuaR方法上执行网格搜索200轮次,以在验证集上获得最优超参数。根据验证集上MRR的表现确定最优超参数,如表3.7所示。

表3.7　CapS-QuaR方法在SEARCH17数据集上的最优超参数设置

超　参　数	值	超　参　数	值
K	200	N	400
b	128	a	0.00005
m	2	λ	0.001

4. 实验结果分析与讨论

实验结果如表3.8所示,与其他传统方法相比,CapS-QuaR方法在个性化搜索任务中获得更好的排名结果。这表明四元数和胶囊网络的结合可以有效提高个性化搜索系统的排名质量。此外,CapS-QuaR方法在SEARCH17数据集上的表现优于与其密切相关的神经网络模型CapsE,在MRR指标上有约3.2%的改善,在Hits@1指标上有1.6个百分点的提高。总之,CapS-QuaR方法在MRR和Hits@1指标上性能最佳。

表3.8　CapS-QuaR在SEARCH17数据集上的实验结果

方　法	MRR	Hits@1/%
SE	0.559	38.5
CI	0.597	41.6
SP	0.631	45.2
TransE	0.645	48.1
ConvKB	0.750	59.9
CapsE	0.760	62.1
CapS-QuaR	**0.784**	**63.7**

注:SE、CI、SP和TransE的实验结果来自文献[18]。

本章小结

为解决知识图谱补全中不能深层次挖掘三元组各维度属性信息问题，本章在QuaR方法的基础上，通过四元数与胶囊网络的结合，提出了一种基于四元数嵌入胶囊网络的知识图谱补全方法，被命名为CapS-QuaR。该方法利用胶囊网络具有强大的特征提取能力和最大限度地保留特征信息的优点，将QuaR方法训练得到三元组对应的四元数嵌入向量作为胶囊网络的输入，经过胶囊网络的卷积、重组、动态路由、内积等一系列操作，获得三元组得分，据此判定三元组正确与否。

在链接预测和个性化搜索两个任务上的实验结果表明，本章提出的CapS-QuaR方法相比于同类方法，获得了更好的性能。同时，也证实了四元数与胶囊网络相结合的可行性及有效性。

参考文献

[1] Sabour S, Frosst N, Hinton G E. Dynamic Routing Between Capsules[J]. Advances in Neural Information Processing Systems, 2017: 3856-3866.

[2] Bordes A, Usunier N, Garcia-Duran A, et al. Translating Embeddings for Modeling Multirelational Data[J]. Advances in Neural Information Processing Systems, 2013: 2787-2795.

[3] Yang B, Yih W, He X, et al. Embedding Entities and Relations for Learning and Inference in Knowledge Bases [C]//Proceedings of the 3rd International Conference on Learning Representations. 2015: 1-13.

[4] Trouillon T, Welbl J, Riedel S, et al. Complex Embeddings for Simple Link Prediction[C]//Proceedings of the International Conference on Machine Learning. PMLR, 2016: 2071-2080.

[5] Sun Z, Deng Z H, Nie J Y, et al. RotatE: Knowledge Graph Embedding by Relational Rotation in Complex Space[C]//Proceedings of International Conference on Learning Representations. 2019.

[6] Vu T, Nguyen T D, Nguyen D Q, et al. A Capsule Network-Based Embedding Model for Knowledge Graph Completion and Search Personalization [C]//Proceedings of the 2019 Conference of the North American Chapter of the Association for Computational Linguistics: Human Language Technologies, Volume 1 (Long and Short Papers). 2019: 2180-2189.

[7] Dettmers T, Minervini P, Stenetorp P, et al. Convolutional 2D Knowledge Graph Embeddings

[C]//Proceedings of the AAAI Conference on Artificial Intelligence. 2018：1811-1818.

[8] Nguyen D Q，Nguyen T D，Nguyen D Q，et al. A Novel Embedding Model for Knowledge Base Completion Based on Convolutional Neural Network[C]//Proceedings of the North American Chapter of the Association for Computational Linguistics：Human Language Technologies. 2018：327-333.

[9] Balažević I，Allen C，Hospedales T M. Hypernetwork Knowledge Graph Embeddings[C]//Proceedings of International Conference on Artificial Neural Networks. Springer，Cham，2019：553-565.

[10] Kingma D P，Ba J. Adam：A Method for Stochastic Optimization[C]//Proceedings of the 3rd International Conference on Learning Representations. ICLR 2015.

[11] Toutanova K，Chen D. Observed Versus Latent Features for Knowledge Base and Text Inference[C]//Proceedings of the 3rd Workshop on Continuous Vector Space Models and Their Compositionality. 2015：57-66.

[12] Cai L，Wang W Y. KBGAN：Adversarial Learning for Knowledge Graph Embeddings[C]//Proceedings of NAACL-HLT. 2018：1470-1480.

[13] Pinter Y，Eisenstein J. Predicting Semantic Relations Using Global Graph Properties[C]//Proceedings of the 2018 Conference on Empirical Methods in Natural Language Processing. 2018：1741-1751.

[14] Nathani D，Chauhan J，Sharma C，et al. Learning Attention-Based Embeddings for Relation Prediction in Knowledge Graphs[C]//Proceedings of the 57th Annual Meeting of the Association for Computational Linguistics. 2019：4710-4723.

[15] Yan X，Zhang J，Elahi H，et al. A Personalized Search Query Generating Method for Safety-Enhanced Vehicle-to-People Networks[J]. IEEE Transactions on Vehicular Technology，2021，70(6)：5296-5307.

[16] Yao J，Dou Z，Wen J R. Clarifying Ambiguous Keywords with Personal Word Embeddings for Personalized Search[J]. ACM Transactions on Information Systems (TOIS)，2021，40(3)：1-29.

[17] Cai F，Wang S，de Rijke M. Behavior-Based Personalization in Web Search[J]. Journal of the Association for Information Science and Technology，2017，68(4)：855-868.

[18] Vu T，Nguyen D Q，Johnson M，et al. Search Personalization with Embeddings[C]//Proceedings of the European Conference on Information Retrieval. Springer，Cham，2017：598-604.

[19] Nguyen D Q，Nguyen D Q，Nguyen T D，et al. A Convolutional Neural Network-Based Model for Knowledge Base Completion and Its Application to Search Personalization[J]. Semantic Web，2019，10(5)：947-960.

第4章

基于四元数群的知识图谱补全方法

捕获多跳关系路径上的复杂组合关系嵌入表示是知识图谱补全中极为重要的任务。最近，研究者研究了基于复数乘法(旋转)的关系建模方法，以将组合关系嵌入复数向量空间中。而且，第3章已经介绍了复数乘法的几何意义。但是，复数乘法具有可交换性，使组合关系建模也具有可交换性，将导致部分不可交换的组合关系语义缺失问题(C_3)。

针对上述问题(C_3)，本章从群论的角度，提出一种基于四元数群的知识图谱补全方法，被命名为QuatGE。该方法将知识图谱中每个关系建模为四元数群空间中的旋转算子，具有两方面的优点。

(1) 由于四元数群是非交换群(即非阿贝尔群)，组合关系对应的旋转矩阵可以是非交换的，即可以建模不可交换的组合关系。

(2) 具有更强的表达能力和建模能力，可以灵活地建模和推断完整的关系模式，包括对称/反对称、逆(反转)和可交换/不可交换组合等关系模式。

实验结果表明，QuatGE方法优于许多现有的知识图谱补全方法，尤其在组合关系模式上。

4.1 理论基础

在介绍QuatGE方法的具体内容前，本节首先介绍知识图谱中的组合关系、群论和关系建模的对应关系以及四元数群的概念等理论基础。

4.1.1　知识图谱中的组合关系

前面已经详细介绍了知识图谱中的对称、反对称、逆、组合等关系模式的定义。但是，本章从群论的角度，将多跳关系路径上的复杂组合关系划分为可交换和不可交换两种情况进行建模。因此，本节仅对知识图谱中的组合关系模式进行再细分定义（可交换/不可交换组合关系），具体如下。

定义 4.1（可交换的组合关系）：若知识图谱中任意的 e_i、e_j、e_j' 和 e_k 实体，有式(4.1)成立，则关系 r_3 是关系 r_1 和关系 r_2 的可交换的组合关系（Commutative Composition）。

$$r_1(e_i,e_j) \wedge r_2(e_j,e_k) \Rightarrow r_3(e_i,e_k), \quad r_2(e_i,e_j') \wedge r_1(e_j',e_k) \Rightarrow r_3(e_i,e_k) \tag{4.1}$$

定义 4.2（不可交换的组合关系）：若知识图谱中任意的 e_i、e_j、e_j' 和 e_k 实体，有式(4.2)成立，则关系 r_3 是关系 r_1 和关系 r_2 的不可交换的组合关系（Non-commutative Composition）。

$$r_1(e_i,e_j) \wedge r_2(e_j,e_k) \Rightarrow r_3(e_i,e_k), \quad r_2(e_i,e_j') \wedge r_1(e_j',e_k) \nRightarrow r_3(e_i,e_k) \tag{4.2}$$

上述定义中的 e_i、e_j 和 e_k 表示知识图谱中的不同实体。可交换的组合关系示例如图 4.1 所示；不可交换的组合关系示例如图 4.2 所示。

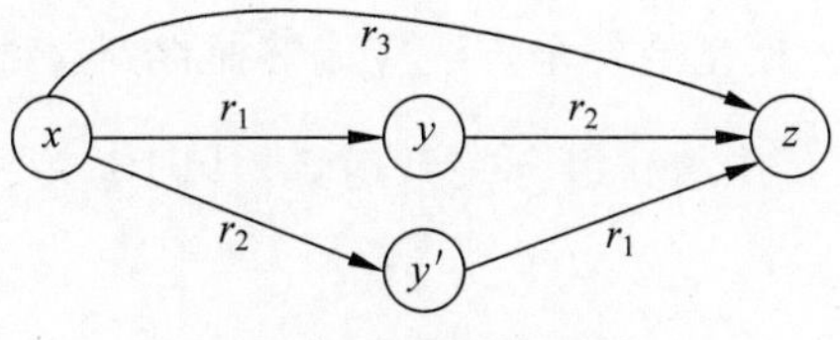

图 4.1　可交换的组合关系示例

经过对知识图谱中的组合关系模式进行再细分定义，将知识图谱中的关系模式定义为 5 种：对称关系、反对称关系、逆（反转）关系、可交换的组合关系、不可交换的组合关系。本章将针对这 5 种关系模式进行建模研究。

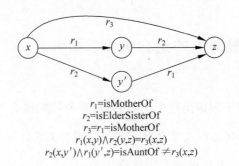

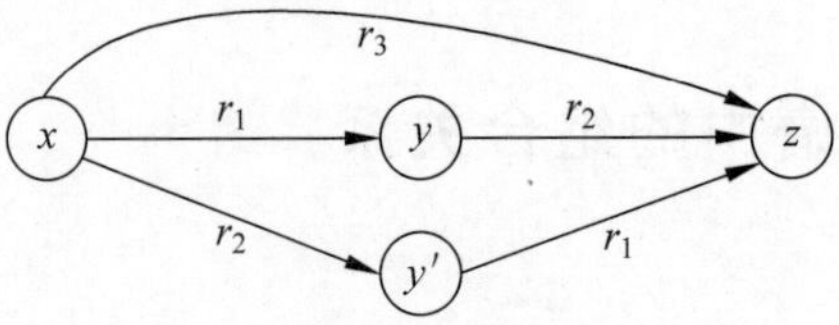

r_1=isMotherOf

r_2=isElderSisterOf

r_3=r_1=isMotherOf

$r_1(x,y) \wedge r_2(y,z) = r_3(x,z)$

$r_2(x,y') \wedge r_1(y',z)$=isAuntOf $\neq r_3(x,z)$

图 4.2　不可交换的组合关系示例

4.1.2　关系嵌入中的群论

为了更好地理解四元数群空间中的关系建模，本节将介绍群论与关系模式的对应关系。

一种合理的知识图谱嵌入模型或补全方法应可以建模对称关系、反对称关系、逆(反转)关系、可交换的组合关系以及不可交换的组合关系，即应支持以下性质[1]。

(1) **逆元性**。为了建模逆关系，关系 r 的嵌入元素 $\boldsymbol{r}$ 与关系的逆 r^{-1} 的嵌入元素 $\boldsymbol{r}^{-1}$ 在同一个关系嵌入空间中。知识图谱中，并非所有逆(反转)关系，均对应于有意义的关系，但是嵌入模型或补全方法应能够捕捉到这种可能性。

(2) **闭包性**。为了建模组合关系，关系 r_1 和关系 r_2 的嵌入元素 $\boldsymbol{r}_1$ 和 $\boldsymbol{r}_2$ 的乘积 $\boldsymbol{r}_3$，与 $\boldsymbol{r}_1$、$\boldsymbol{r}_2$ 在同一个关系嵌入空间中。同样，知识图谱中，并非所有组合关系均对应于有意义的关系，但是嵌入模型或补全方法应能够捕捉到这种可能性。

(3) **单位元素**。可能存在逆和组合关系运算，共同定义了另一个特殊且唯一的关系(单位元素)，即 $\mathbf{i} = \boldsymbol{r} \cdot \boldsymbol{r}^{-1}$。

(4) **关联性**(结合律)。在长度大于 3 的关系路径中(包含 3 个或更多关系$\{r_1, r_2, r_3, \cdots\}$)，只要关系顺序不改变，$(r_1 \cdot r_2) \cdot r_3$ 和 $r_1 \cdot (r_2 \cdot r_3)$两个组合应产生相同的结果，即$(r_1 \cdot r_2) \cdot r_3 = r_1 \cdot (r_2 \cdot r_3)$。

(5) **可交换性/不可交换性**。一般来说，颠倒组合关系中的关系顺序，可以组合相同或不同的结果，即可交换组合关系/不可交换组合关系。

上述前 4 个性质，正是群的定义。换句话说，群论自动地从关系嵌入问题本身出现，而非人为应用。这是一个非常有说服力的证据，即群论确实是关系嵌入最自然的语言。此外，关于可交换性/不可交换性的第 5 个性质，实际上在群论语言中被称为阿贝尔群/非阿贝尔群。

综上所述，不难发现，知识图谱中，一个关系的逆关系（参见定义 2.3）类似于群定义中的逆元素；可交换的组合关系类似于阿贝尔群的运算；不可交换的组合关系类似于非阿贝尔群的运算。

总结关系模式和群论之间的自然对应关系，如表 4.1 所示。

表 4.1　关系模式与群论之间的自然对应关系

关系模式	群论	示例
对称	$G_r = G_r^{-1}$	r = isClassmateOf
反对称	$G_r \neq G_r^{-1}$	r = isFiliationOf
逆	$G_{r_1} = G_{r_2}^{-1}$	r_1 = isHypernymOf, r_2 = isHyponymOf
可交换的组合关系	阿贝尔群	$r_1 = r_2 = r_3$ = isElderBrotherOf
		$r_1 \cdot r_2 = r_2 \cdot r_1 = r_3$ = isElderBrotherOf
不可交换的组合关系	非阿贝尔群	r_1 = isMotherOf, r_2 = isFatherOf
		$r_1 \cdot r_2 = r_3$ = isGrandmotherOf
		$r_2 \cdot r_1$ = isGrandfatherOf $\neq r_1 \cdot r_2$

4.1.3　四元数群

为方便理解 QuatGE 方法，以及如何将知识图谱中每个关系建模为四元数群空间中的旋转算子，本节给出四元数群的相关定义。

定义 4.3（四元数群）：如果一个群中的元素是由单位四元数构成，则称该群为四元数群（Quaternion Group），记为$(G_Q, \cdot)$。$(G_Q, \cdot)$的形式化定义如式(4.3)所示。

$$(G_Q, \cdot) = \{Q = q_0 + q_1\mathbf{i} + q_2\mathbf{j} + q_3\mathbf{k} \wedge |Q| = 1\} \tag{4.3}$$

由定义 4.3 可以推测定理 4.1 成立。

定理 4.1　四元数群$(G_Q, \cdot)$是非阿贝尔群。

证明　令

$$Q_1 = q_{10} + q_{11}\mathbf{i} + q_{12}\mathbf{j} + q_{13}\mathbf{k} \in (G_Q, \cdot)$$

$$Q_2 = q_{20} + q_{21}\mathbf{i} + q_{22}\mathbf{j} + q_{23}\mathbf{k} \in (G_Q, \cdot)$$

则由定义 4.3 可知，Q_1 和 Q_2 为单位四元数。又因为四元数的 Hamilton 乘积（参见式 2.9）是不可交换的，所以有

$$Q_1 \otimes Q_2 \neq Q_2 \otimes Q_1$$

结合非阿贝尔群的定义，得证四元数群$(G_Q, \cdot)$是非阿贝尔群。

4.2 ARLF 和 SC4MLRP-RR 框架

本章主要工作是基于四元数群的特性解决多跳关系路径上复杂组合关系建模不充分的问题(C_3)，编者已在此方面做了一些前期工作（ARLF 和 SC4MLRP-RR 框架），在此简要介绍，以便提高本章解决方案的可读性。

4.2.1 基于强化学习的组合关系推理

在前期工作中，专注于大型知识图谱中的多跳链接预测问题，其目的是设计一个自动链接预测模型预测现有实体之间的缺失链接。更具体地说：

(1) 提出了一种新的强化学习框架，学习更准确的链接预测模型；

(2) 将知识图谱中的链接预测问题，作为概率图模型中的推理问题；

(3) 使用最大熵强化学习，最大化预期回报。

此前期工作的动机是将知识图谱中的多跳链接预测问题化简为有限水平离散时间决策问题，并使用最大熵强化学习处理它。在此工作中，将强化学习框架中的环境表示为知识图谱上的概率图模型，智能体（Agent）被赋予一个不完整的三元组($e_1, r, ?$)；智能体从知识图谱中 e_1 对应的顶点开始，遍历环境以挖掘出最可能的答案，并使用最大熵策略梯度进行训练。

强化学习框架 ARLF 的基本过程如图 4.3 所示。将知识图谱作为环境进行建模，同时设置一个 Agent。

首先，从环境传递给 Agent 一个初始状态（State），通过 Agent 的决策得到一个动

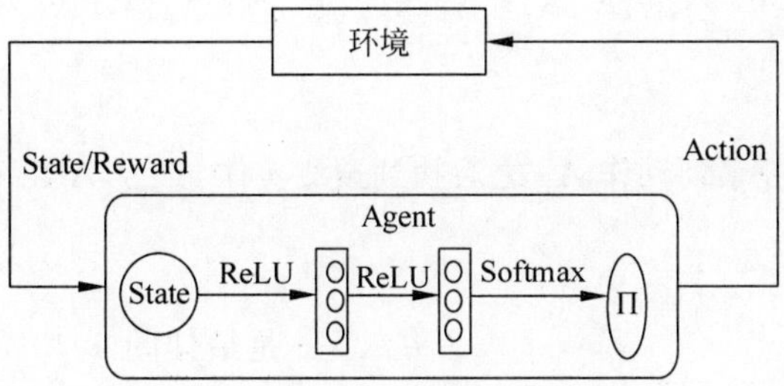

图 4.3　ARLF 强化学习过程

作(Action)再传递给环境。这样,从初始状态转移到下一个状态,同时获得一个奖励(Reward)。依此循环往复,便可得到一个从初始状态到目标状态的决策序列。Agent 的位置随着中间状态的改变而改变。

通过以上过程,当 Agent 移动到目标状态,即尾实体时,即可获得一条从头节点到尾节点的路径。

下面具体介绍前期工作中的强化学习框架 ARLF。

1. 环境

ARLF 框架中的决策问题被定义为一个四元组$\langle S,A,P,\gamma\rangle$。其中,$s\in S$ 表示状态,$a\in A$ 表示动作,$p(s_{\tau+1}|s_\tau,a_\tau)\in P$ 表示状态 s 的转移概率,$\gamma(s_\tau,a_\tau)\in\gamma$ 表示每对(s_τ,a_τ)的奖励函数,$\tau\in\{1,2,\cdots,\Gamma\}$表示时间步长。

1) 状态

知识图谱中的实体和关系自然是离散的原子符号,为理解这些符号对应的语义信息,ARLF 框架采用 TransE 模型表示实体 e 和关系 r 的嵌入。每个状态 s_τ 表示智能体 a_τ 在知识图谱中的位置 e_τ,使用状态 s_τ 编码链接预测$(e_{\text{source}},r,?)$、目标实体 e_{target} 以及遍历的节点位置 e_τ。于是,状态 $s_\tau\in S$ 的形式化定义如式(4.4)所示。

$$s_\tau=(e_\tau,e_{\text{source}},r,e_{\text{target}})\tag{4.4}$$

2) 动作

动作 a 是状态转换的行为,给定一个状态 $s_\tau=(e_\tau,e_{\text{source}},r,e_{\text{target}})$,则动作集合 A_s 由知识图谱 $G=(E,V)$ 中顶点 e_τ 的所有出边(e_τ,r,v)组成,其中 $e_\tau,v\in V$ 且 $r\in E$。于是,动作集合 A_s 的形式化定义如式(4.5)所示。

$$A_s = \{(e_\tau, r, v) \in E: s_\tau = (e_\tau, e_{\text{source}}, r, e_{\text{target}}), r \in R, v \in V\} \tag{4.5}$$

3）奖励

为鼓励智能体在一系列动作 A_s 之后找到预测实体 e_{target}，ARLF 框架给出如式(4.6)所示的奖励策略 $\gamma(s_\tau, a_\tau)$。

$$\gamma(s_\tau, a_\tau) = \begin{cases} +1, & \tau\ \text{是最佳的} \\ 0, & \text{其他} \end{cases} \tag{4.6}$$

4）状态转移概率

状态转移概率 $p(s_{\tau+1} | s_\tau, a_\tau)$ 对应于具有状态和动作的图模型，如图 4.4 所示。然而，此图模型并不足以解决强化学习的决策问题，是由于它没有奖励概念。因此，ARLF 框架将二元随机变量 O_τ 引入图模型中，$O_\tau = 1$ 表示时间步长 τ 是最佳。具有这些二元随机变量的图模型，称为概率图模型，如图 4.5 所示。在 O_τ 上的概率分布如式(4.7)所示。

$$p(O_\tau = 1 \mid s_\tau, a_\tau) = \exp[\gamma(s_\tau, a_\tau)] \tag{4.7}$$

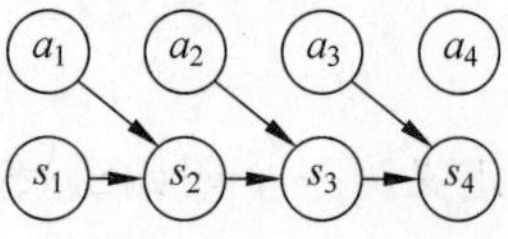

图 4.4　具有状态和动作的图模型

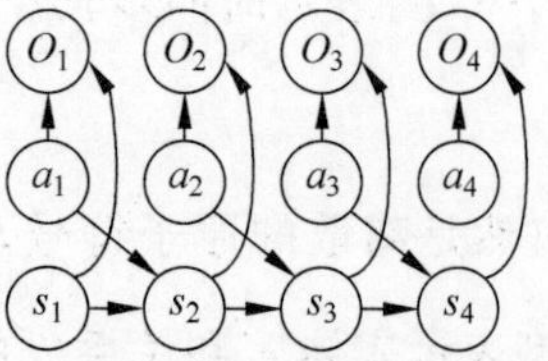

图 4.5　具有最优变量的概率图模型

2. 智能体(策略网络)

在 ARLF 框架的概率图模型中，最优策略可以写成 $p(a_\tau | s_\tau, O_{\tau:\Gamma} = 1)$。智能体被定义为一个策略网络 $\pi_\theta(a_\tau | s_\tau)$，如式(4.8)所示。

$$\pi_\theta(a_\tau \mid s_\tau) = p(a_\tau \mid s_\tau, \theta^*) \tag{4.8}$$

式(4.8)策略网络将状态向量 $\boldsymbol{s}$ 映射到随机策略，ARLF 框架采用全连接神经网络

参数化策略函数 $\pi(s;\theta)$，它将状态向量 s 映射到所有可能动作的概率分布。

3. 训练

对于大规模知识图谱，强化学习的智能体经常面临数千种可能的操作。强化学习模型的收敛性很差，智能体可能无法找到任何有价值的链接预测路径。为解决此问题，ARLF 框架采用监督策略训练概率图模型。

对于每条多跳关系路径 $r_1 \rightarrow r_2 \rightarrow r_3 \rightarrow \cdots \rightarrow r_n$，使用最大熵策略梯度更新参数 θ 以最大化预期累积奖励。ARLF 框架的做法是，直接优化变分分布的下界，并且可以直接应用于最大熵强化学习。这种变分分布具有 3 个项：$q(s_1)$、$q(s_{\tau+1}|s_\tau, a_\tau)$、$q(a_\tau|s_\tau)$。其中，前两项是固定的，只有第 3 项 $q(a_\tau|s_\tau)$是变化的。可以使用任何表达条件和参数 θ 参数化 $q(a_\tau|s_\tau)$这个变化的分布，因此将其表示为 $q_\theta(a_\tau|s_\tau)$。这里，最大熵策略梯度的形式与标准策略梯度几乎相同[2]。链接预测路径的预期总奖励 $J(\theta)$ 由式(4.9)给出，训练目标是找到最大化预期奖励的参数 θ。对于成功的链接预测路径的每个时间步长 τ，使用监督学习给予奖励+1。

$$J(\theta) = \sum_{\tau=1}^{\Gamma} E_{(s_\tau, a_\tau) \sim q(s_\tau, a_\tau)} [\gamma(s_\tau, a_\tau) - H(q_\theta(a_\tau \mid s_\tau))] \tag{4.9}$$

4.2.2 基于多级关系路径语义组合的关系推理

前期工作基于知识图谱实体对间路径信息的分析，提出一种基于多级关系路径语义组合的关系推理算法。该算法受知识表示学习的启发，首先将知识图谱嵌入低维向量空间中；其次利用强化学习进行路径发现；然后将路径中实体和关系对应的向量作为循环神经网络(RNN)的输入，经过迭代学习输出多级关系路径语义组合的结果向量；最后将结果向量与目标关系向量进行相似度计算。

基于多级关系路径语义组合的关系推理框架 SC4MLRP-RR 如图 4.6 所示。在资源层，以实体关系三元组表示知识图谱；在向量表示层，利用 TransE 模型将三元组嵌入低维向量空间；在路径发现层，利用强化学习(智能体与环境交互)，发现实体间路径；在关系推理层，将路径中实体和关系对应的向量输入 RNN，经过迭代学习将路径上的语义信息进行组合，输出多级关系路径语义组合的结果向量，并将结果向量与目标向量进行相似度计算，进而进行关系推理。

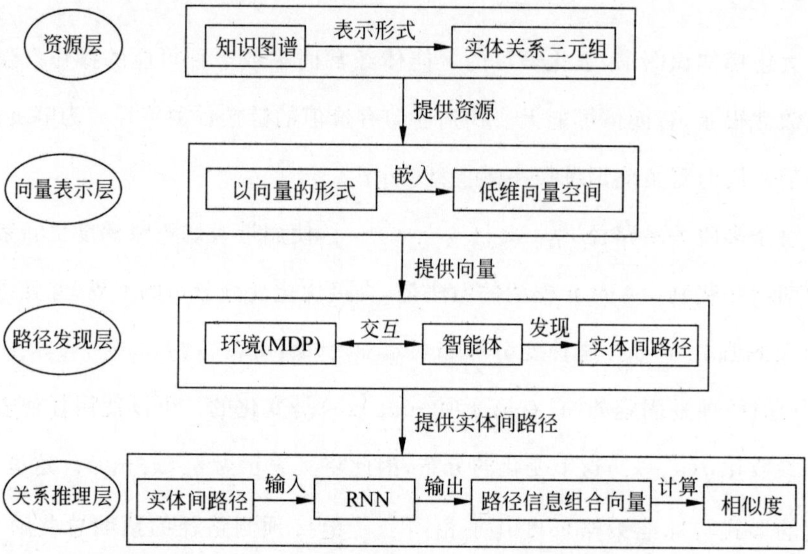

图 4.6　基于多级关系路径语义组合的关系推理框架

ARLF 和 SC4MLRP-RR 框架均是基于深度强化学习的知识图谱补全方法，可以建模与推理多跳关系路径上的组合关系，但它们面对海量不完整的知识图谱，不仅不够高效而且精度低。为解决此问题，下面从群结构的角度出发，利用四元数群的特性，探索多跳关系路径上的组合关系建模问题。

4.3　QuatGE 方法

本节将介绍使用四元数群的动机、关系如何被建模为四元数群空间中的旋转算子以及 QuatGE 方法的优化。

4.3.1　动机

一个合理的知识图谱补全方法，应该被设计成适应现实世界知识图谱中存在的各种关系模式，包括以下两种模式。

（1）原子关系模式：一跳内可推断的关系，即对称、反对称和逆。

（2）复杂组合关系模式：多跳内可推断的关系。

与原子关系模式的建模相比，复杂组合关系模式的建模具有特殊的挑战（兼顾可交换/不可交换的组合关系模式的建模）。

目前，RotatE[3]、QuatE[4]等基于旋转的关系嵌入方法，已经关注了对称、反对称、逆与组合关系模式的建模与推理。然而，这些方法忽略了知识图谱中的一些组合关系是不可交换的，如图 4.2 所示。为了对由多个关系组成的多跳关系路径进行建模，基于复数的旋转方法使用 Hadamard 乘积构建组合关系的旋转矩阵，即 $\boldsymbol{r}_3=\boldsymbol{r}_1\circ\boldsymbol{r}_2$，而且假设关系路径中的所有关系具有相同的旋转轴，如图 4.7 所示。

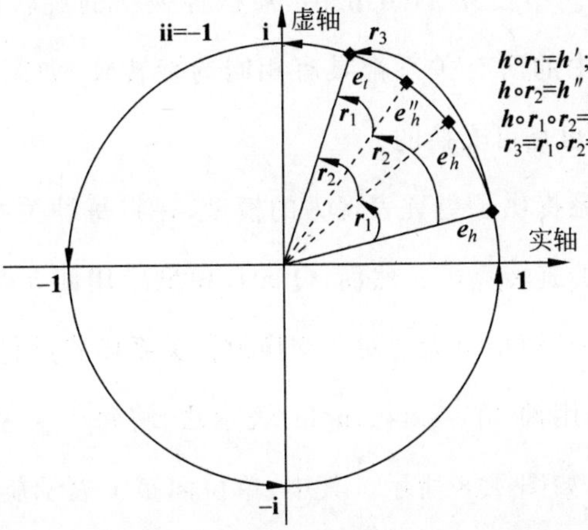

图 4.7　RotatE 方法中的组合关系建模

因此，此类旋转方法的组合关系均是可交换的，导致部分语义信息缺失。

直觉上，对称、反对称、逆、可交换的组合以及不可交换的组合等关系模式，与群论中的概念有自然的对应关系，如表 4.1 所示。此外，文献[5,6]尝试应用非阿贝尔群建模知识图谱中的关系模式。又由定理 4.1 可知，四元数群是非阿贝尔群。据此，本章提出了一种基于四元数群的知识图谱补全方法（QuatGE）。

从群论的角度分析，QuatGE 方法可能与 TorusE[7]、NagE[5]等嵌入模型相关。为了解决紧凑性问题，TorusE 模型将知识图谱嵌入定义为紧凑李群（即 n-torus）上的翻译。此外，TorusE 模型专注于 TransE[8]模型中的正则化问题，而 QuatGE 方法专注于建模和推断多种类型的关系模式。NagE 模型(一种基于群论的知识图嵌入框架)首先尝试将非阿贝尔群应用于建模关系旋转,但与以前的方法相比,性能提升有限。

从建模多跳关系的角度分析,QuatGE 与 TransE[8]、RotatE[3] QuatE[4] 模型相关。

TransE 模型是一种众所周知的知识图嵌入模型,将每个关系建模为纯平移变换,并使用欧几里得距离作为得分函数。具体来说,TransE 模型假设关系之间有一个固定的加法组合模式,即 $\boldsymbol{r}_3=\boldsymbol{r}_1+\boldsymbol{r}_2$,是可交换的并且与实体嵌入无关。此外,TransE 模型为对称关系带来 $\boldsymbol{r}=\boldsymbol{0}$,故无法对对称关系模式进行建模。

RotatE 模型将关系建模为复向量空间中的旋转算子,即旋转矩阵,它可以有效地建模所有关系模式,包括对称/反对称、反转和组合。为了对由多个关系组成的多跳关系路径进行建模,RotatE 模型使用 Hadamard 乘积将关系的旋转矩阵组合起来,即 $\boldsymbol{r}_3=\boldsymbol{r}_1\circ\boldsymbol{r}_2$,并且关系路径中的所有关系都具有相同的旋转轴,如图 4.7 所示。因此,RotatE 模型中的组合关系也是可交换的。

QuatE 模型为组合关系提供了更具表现力的模型,并将每种关系类型表示为四元数空间(复平面的扩展)中的旋转算子。然而,QuatE 模型应用四元数内积(可交换的)作为评分函数。因此,QuatE 模型也无法对非交换组合关系模式进行建模。

在 QuatGE 方法中,利用轴-角(Axis-Angle)表示法,将每个关系建模为四元数群空间中的旋转算子 $\boldsymbol{R}(Q)$,如图 4.8 所示。其中,单位向量 $\mathbf{v}$ 表示旋转轴的方向,角 ψ

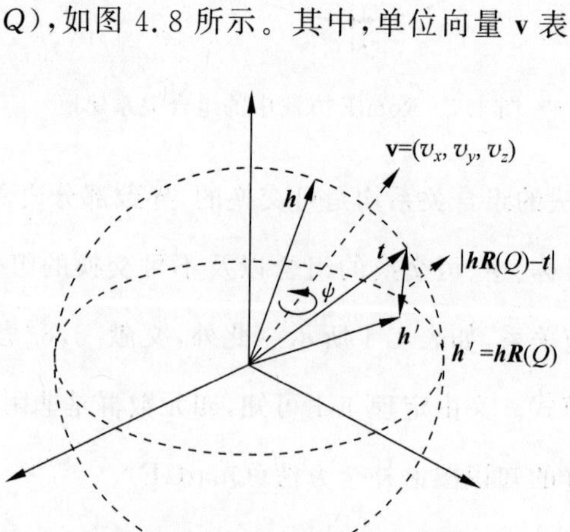

图 4.8　QuatGE 方法中的关系旋转

表示围绕旋转轴旋转的弧度。QuatGE 方法充分利用了关系模式与四元数群概念之间的自然对应关系，可以有效地对所有关系模式进行建模，兼顾了可交换/不可交换的组合关系模式的建模，解决了对复杂组合关系模式建模的特殊挑战。

4.3.2　四元数群空间中的旋转算子

如图 4.8 所示，QuatGE 方法使用 Axis-Angle 表示方法，在基于四元数群的空间中对关系的旋转操作进行建模。具体来说，单位向量 $\mathbf{v}$ 表示旋转轴的方向，即 $\mathbf{v}=(v_x, v_y, v_z)=(\sin\theta\cos\phi, \sin\theta\sin\phi, \cos\theta)$，其中，$\theta\in[0,\pi]$，$\phi\in[0,2\pi)$；角 ψ 表示围绕旋转轴旋转的弧度，其中 $\psi\in[0,2\pi)$。因此，一个四维向量(ψ, v_x, v_y, v_z)可以表示三维空间中的任意旋转，记为三维向量$(\psi\cdot v_x, \psi\cdot v_y, \psi\cdot v_z)$。

给定一个具有坐标(x,y,z)的实体向量$\boldsymbol{\omega}_e$，可以使用四元数群$(G_Q,\cdot)$将该实体向量$\boldsymbol{\omega}_e$ 围绕旋转轴 $\mathbf{v}$ 具有 ψ 角的旋转建模在三维空间中。具体来说，三维空间中的旋转，由具有 3 个自由度(即 θ、ϕ 和 ψ)的单位四元数编码。在 QuatGE 方法中，可以将四元数群$(G_Q,\cdot)$视为三维球体(即 S3)上的群结构。此外，该群结构与 SU(2)群同构[9]。形式上，围绕单位向量 $\mathbf{v}$(即旋转轴)旋转 ψ 角的单位四元数 Q，由欧拉扩展公式定义，如式(4.10)所示。

$$
\begin{aligned}
Q &= \mathrm{e}^{\frac{\psi}{2}(v_x\mathbf{i}+v_y\mathbf{j}+v_z\mathbf{k})} \\
&= \cos\frac{\psi}{2}+\sin\frac{\psi}{2}(v_x\mathbf{i}+v_y\mathbf{j}+v_z\mathbf{k}) \\
&= \cos\frac{\psi}{2}+v_x\sin\frac{\psi}{2}\mathbf{i}+v_y\sin\frac{\psi}{2}\mathbf{j}+v_z\sin\frac{\psi}{2}\mathbf{k}
\end{aligned}
\tag{4.10}
$$

一个具有坐标(x,y,z)的 3D 欧几里得向量$\boldsymbol{\omega}_e$，可以被表示为一个纯四元数(实部为 0)，即 $Q_\omega=x\mathbf{i}+y\mathbf{j}+z\mathbf{k}$。向量$\boldsymbol{\omega}_e$ 在四元数群空间中，围绕单位向量 $\mathbf{v}$(旋转轴)旋转 ψ 角后，对应的目标四元数 $Q'_\omega=x'\mathbf{i}+y'\mathbf{j}+z'\mathbf{k}$，可以由四元数的 Hamilton 乘积计算得到，如式(4.11)所示。

$$
Q'_\omega=Q\circ Q_\omega\circ Q^{-1} \tag{4.11}
$$

其中，Q^{-1} 是 Q 的逆，即

$$Q^{-1}=\mathrm{e}^{-\frac{\psi}{2}(v_x\mathbf{i}+v_y\mathbf{j}+v_z\mathbf{k})}=\cos\frac{\psi}{2}-\sin\frac{\psi}{2}(v_x\mathbf{i}+v_y\mathbf{j}+v_z\mathbf{k})$$

考虑到每个 3D 欧几里得向量可以被表示为一个纯四元数，QuatGE 方法通过扩展式(4.11)获得旋转后的 3D 欧几里得向量$\boldsymbol{\omega}_e'$，并使用矩阵 $\boldsymbol{R}(Q)$表示四元数群空间中的旋转算子，如式(4.12)所示。

$$\boldsymbol{\omega}_e'=\boldsymbol{R}(Q)\,\boldsymbol{\omega}_e \tag{4.12}$$

其中，旋转矩阵 $\boldsymbol{R}(Q)$可以通过旋转后的四元数(即 Q_ω')和 Rodrigues 公式[10]计算得到，如式(4.13)所示。

$$\begin{aligned}\boldsymbol{R}(Q)&=\mathrm{e}^{\mathbf{v}\psi}\\
&=\boldsymbol{I}+\begin{bmatrix}0&-v_z&v_y\\v_z&0&-v_x\\-v_y&v_x&0\end{bmatrix}\sin\psi+\begin{bmatrix}0&-v_z&v_y\\v_z&0&-v_x\\-v_y&v_x&0\end{bmatrix}^2C\\
&=\begin{bmatrix}1&-v_z\sin\psi&v_y\sin\psi\\v_z\sin\psi&1&-v_x\sin\psi\\-v_y\sin\psi&v_x\sin\psi&1\end{bmatrix}+\begin{bmatrix}-v_y^2-v_z^2&v_xv_y&v_xv_z\\v_xv_y&-v_x^2-v_z^2&v_yv_z\\v_xv_z&v_yv_z&-v_x^2-v_y^2\end{bmatrix}C\\
&=\begin{bmatrix}\cos\psi+v_x^2C&v_xv_yC-v_z\sin\psi&v_y\sin\psi+v_xv_zC\\v_z\sin\psi+v_xv_yC&\cos\psi+v_y^2C&v_yv_zC-v_x\sin\psi\\v_xv_zC-v_y\sin\psi&v_x\sin\psi+v_yv_zC&\cos\psi+v_z^2C\end{bmatrix}\end{aligned} \tag{4.13}$$

其中，$C=1-\cos\psi$。

根据群论的闭包性质，在 QuatGE 方法中，两个旋转算子可以组合成一个等效的旋转算子。也就是说，有式(4.14)成立。

$$\boldsymbol{R}(Q_3)=\boldsymbol{R}(Q_2)\boldsymbol{R}(Q_1) \tag{4.14}$$

因此，一系列旋转可以组成一个旋转。需要注意的是，四元数乘法是不可交换的，除非 Q_1 和 Q_2 具有相同的旋转轴(即 $\mathbf{v}_1=\mathbf{v}_2$)。因此，可交换/不可交换的关系模式均可以在 QuatGE 方法中建模。

4.3.3 QuatGE 方法的优化

评分函数旨在衡量候选者(本书是指候选实体)的合理性。对于每个三元组(e_h，r，e_t)，QuatGE 方法的得分函数，如式(4.15)所示。

$$f_r(\boldsymbol{h},\boldsymbol{t})=-|\boldsymbol{hR}(\boldsymbol{r})-\boldsymbol{t}| \tag{4.15}$$

其中，$|\cdot|$表示欧几里得距离；$\boldsymbol{R}(\cdot)$代表基于四元数群空间中实体嵌入的每个元素上的关系旋转。对于嵌入 $\boldsymbol{h}$、$\boldsymbol{r}$ 和 $\boldsymbol{t}$ 中的每个元素，有式(4.16)成立。

$$\begin{cases}\boldsymbol{t}_i=\boldsymbol{h}_i\boldsymbol{R}(r_i)\\ \boldsymbol{h}_i=\boldsymbol{t}_i\boldsymbol{R}(r_i^{-1})\end{cases} \tag{4.16}$$

其中，$r_i\in\mathbb{H}$，$\boldsymbol{h}_i\in\mathbb{R}^3$，$\boldsymbol{t}_i\in\mathbb{R}^3$，$i$ 表示第 i 个嵌入单元。

负采样损失已被证明对学习知识图谱嵌入非常有效[11]。但是，负采样损失使用统一的方式对待所有三元组，此方式将会出现问题，因为在训练过程中，许多样例明显是假的，不能提供任何有意义的信息。

为了能够正确训练模型参数，使用类似于文献[3]提出的自对抗训练负采样损失的损失函数有效优化 QuatGE 方法。QuatGE 方法的损失函数如式(4.17)所示。

$$L=-\log\sigma[f_r(\boldsymbol{h},\boldsymbol{t})+\gamma]-\sum_{i=1}^{n}p(e'_{hi},r,e'_{ti})\log\sigma[-f_r(\boldsymbol{h}'_i,\boldsymbol{t}'_i)-\gamma] \tag{4.17}$$

其中，γ 是固定边距(超参数)；σ 是 Sigmoid 激活函数；(e'_{hi}，r，e'_{ti})是第 i 个负例三元组；n 是负例三元组的个数；$p(e'_{hi},r,e'_{ti})$是负样本的采样分布，如式(4.18)所示；$\boldsymbol{h}'_i$和$\boldsymbol{t}'_i$对应负例三元组(e'_{hi}，r，e'_{ti})的头实体和尾实体的嵌入向量。

$$p(e'_{hj},r,e'_{tj}\mid\{(e_{hi},r,e_{ti})\})=\frac{\exp\alpha f_r(\boldsymbol{h}'_j,\boldsymbol{t}'_j)}{\sum_{i=1}^{n}\exp\alpha f_r(\boldsymbol{h}'_i,\boldsymbol{t}'_i)} \tag{4.18}$$

其中，α 为采样温度。由于采样过程可能代价高昂，将上述概率 $p(e'_{hj},r,e'_{tj}\mid\{(e_{hi},r,e_{ti})\})$视为负样本的权重。负样本得分越高，训练时负样本的权重越大。

算法 4.1 详细描述了 DuatGE 方法的优化过程，具体如下。

首先，从训练集 T 中采样一个小批量数据集 b(算法 4.1 的第 7 行)，对 b 中的每个三元组,采样负例三元组(算法 4.1 的第 10 行)。

然后,对采样负例三元组,根据得分函数进行评分预测和损失校正(算法 4.1 的第 12 行和第 14 行)。

最后,采用 Adam 优化器更新参数。

算法根据其在验证集上的性能表现而终止。

算法 4.1: DuatGE方法的优化

输入: 训练集 $T=(h,r,t)$, 实体集 E, 关系集 R, 边距 γ, 嵌入维度 K.

输出: 实体向量 $\boldsymbol{E}^{'}=\{\boldsymbol{e}_1,\boldsymbol{e}_2,\cdots,\boldsymbol{e}_{|E|}\}$, 关系向量 $\boldsymbol{R}^{'}=\{\boldsymbol{r}_1,\boldsymbol{r}_2,\cdots,\boldsymbol{r}_{|R|}\}$.

1 **初始化:**

2 $\quad\quad \boldsymbol{r}\leftarrow$ zeros($|R|$,K) for each $r\in R$

3 $\quad\quad \boldsymbol{r}\leftarrow$ uniform($\boldsymbol{r}$,($-\frac{1}{\sqrt{K}}$,$\frac{1}{\sqrt{K}}$)) for each $r\in R$

4 $\quad\quad \boldsymbol{e}\leftarrow$ zeros($|E|$,K) for each $e\in E$

5 **for** iteration=1,2, $\cdots$, N **do**

6 $\quad \boldsymbol{e}\leftarrow$ uniform($\boldsymbol{e}$,($-\frac{1}{\sqrt{K}}$,$\frac{1}{\sqrt{K}}$)) for each $e\in E$

$\quad$ /* 进行大小为b的小批量采样 */

7 $\quad T_{\text{batch}}\leftarrow$sample($T$, b)

$\quad$ /* 初始化三元组集合 */

8 $\quad U_{\text{batch}}\leftarrow\varnothing$;

9 $\quad$ **for** $(h,r,t)\in S_{\text{batch}}$ **do**

$\quad\quad$ /* 负例三元组采样 */

10 $\quad\quad (h',r,t')\leftarrow$sample($T'_{(h,r,t)}$)

11 $\quad\quad U_{\text{batch}}\leftarrow U_{\text{batch}}\cup\{((h,r,t),(h',r,t'))\}$

12 $\quad$ 计算得分函数 $f_r(\boldsymbol{h},\boldsymbol{t})=-|\boldsymbol{hR}(\boldsymbol{r})-\boldsymbol{t}|$

13 $\quad$ 更新损失函数:

14 $\quad\quad -\log\sigma(f_r(\boldsymbol{h},\boldsymbol{t})+\gamma)-\sum_{i=1}^{n}p(e_{hi}^{'},r,e_{ti}^{'})\log\sigma(-f_r(\boldsymbol{h}_i^{'},\boldsymbol{t}_i^{'})-\gamma)$

为了验证关系模式是否由 QuatGE 方法的关系嵌入隐式表示,讨论如下。

(1) 对称关系。在 QuatGE 方法中,对称关系模式要求关系的每维嵌入的模长等于 1($|\boldsymbol{r}_i|=1$)且旋转角 ψ_i 为 0 或 π。

(2) 反对称关系。在 QuatGE 方法中,反对称关系模式要求关系的每维嵌入的模长等于 1($|\boldsymbol{r}_i|=1$),但是旋转角 ψ_i 既不为 0,也不为 π。

(3) 逆关系。在 QuatGE 方法中,逆关系模式要求一对逆关系的嵌入是共轭的,即 $|\boldsymbol{r}_{1i}*\boldsymbol{r}_{2i}|=1,\theta_{r_{1i}}=\theta_{r_{2i}},\phi_{r_{1i}}=\phi_{r_{2i}},\psi_{r_{1i}}=-\psi_{r_{2i}}$。也就是说,一对逆关系的嵌入共享

相同的旋转轴，但旋转方向相反。

(4) 可交换/不可交换组合关系。因为四元数群(G_Q，·)是非阿贝尔群，所以可交换和不可交换组合关系模式可通过四元数群(G_Q，·)的性质自然建模。

4.4　实验结果分析与讨论

本节将首先介绍实验数据集和评估指标，然后描述实验的实现细节，最后报告链接预测结果与讨论实验分析。

4.4.1　数据集

本节将在 4 个基准数据集上通过链接预测实验任务评估 QuatGE 方法，数据集分别为 WN18[8]、WN18RR[12]、FB15k[8] 和 FB15k-237[13]。WN18RR 是 WN18 的一个子集，WN18 有许多逆关系，主要反映关系的对称/反对称和逆模式。FB15k-237 是 FB15k 的一个子集，FB15k 也有许多逆关系，主要关系模式也是对称/反对称和逆。

由于在 WN18 和 FB15k 数据集中存在大量的逆关系，将显著改善实验结果。因此，为解决 WN18 和 FB15k 数据集中的逆关系问题，通过去除逆关系，从原始数据集 WN18 和 FB15 中分别提取 WN18RR 和 FB15k-237 数据集。WN18RR 和 FB15k-237 数据集旨在评估 QuatGE 方法在组合模式上的性能。为验证 QuatGE 方法对 5 种关系模式的建模能力，使用 WN18、FB15k、WN18RR 和 FB15k-237 这 4 个基准数据集进行实验验证，数据集统计汇总如表 4.2 所示。

表 4.2　QuatGE 方法验证实验使用的数据集统计

数据集	实体	关系	训练集	验证集	测试集
WN18	40943	18	141442	5000	5000
WN18RR	40943	11	86835	3034	3134
FB15k	14951	1345	483142	50000	59071
FB15k-237	14541	237	272115	17535	20466

4.4.2 评价指标

为评估链接预测的结果，QuatGE 方法使用 3 个评估指标：平均排名(MR)、平均倒数排名(MRR)以及 Hits@N。

MR 测量所有正确三元组的平均排名，较低的 MR 值代表更好的性能，其计算方法参见式(2.25)。

MRR 是正确三元组的平均倒数排名，较高的 MRR 值代表更好的性能，其计算方法参见式(2.26)。

Hits@N 衡量前 N 个三元组中正确三元组的比例，较高的 Hits@N 值代表更好的性能，其计算方法参见式(2.27)。对于在验证集上获得最高 Hits@N 的方法，报告了测试集的最终得分。

4.4.3 超参数设置

在 QuatGE 方法中，使用 Adam 作为优化器，并微调验证集上的超参数。所有实验均在具有 1755MHz 23 GD6 GeForce RTX 2080 Ti GPU 以及 64GB 内存的服务器上进行。本章使用超参数的网格搜索，训练 QuatGE 方法 3000 轮次，超参数范围设置如下。

(1) 嵌入维度 $K\in\{100,200,500,1000\}$。

(2) 批量大小 $b\in\{256,512,1024\}$。

(3) Adam 优化器的初始化学习率 $\lambda\in\{0.00001,0.00005,0.0001,0.0005\}$。

(4) 固定间隔 $\gamma\in\{3,6,9,12,18,24\}$。

(5) 负采样规模 $n\in\{128,256,512,1024\}$。

(6) 自对抗采样温度 $\alpha\in\{0.3,0.5,1.0\}$。

每个实体的嵌入使用大小为 $3\times K$ 的矩阵初始化，每个关系的嵌入使用大小为 $4\times K$ 的矩阵初始化，旋转角度初始化为 $0\sim2\pi$，所有参数从区间 $\left[-\frac{1}{\sqrt{K}},\frac{1}{\sqrt{K}}\right]$ 随机初始化。

在 QuatGE 方法中，没有使用正则化，因为固定间隔 γ 可防止过拟合。根据 4 个基准数据集上的验证数据集的 Hits@10 表现确定 QuatGE 方法的最佳超参数，如表 4.3 所示。

表 4.3　QuatGE 方法在 4 个基准数据集上的最佳超参数设置

数据集	K	b	n	α	γ
WN18	200	512	512	0.3	12.0
WN18RR	200	512	512	0.5	6.0
FB15k	500	1024	128	1.0	24.0
FB15k-237	500	1024	256	1.0	9.0

4.4.4　实验结果分析

链接预测旨在预测缺失的实体或关系。例如，给定关系和尾实体 $(?, r, e_t)$，推断出头实体 e_h。可通过评分函数 $f_r(\boldsymbol{h}, \boldsymbol{t})$ 计算三元组得分，获得链接预测结果。在链接预测任务中，将 QuatGE 方法与几个先进方法进行比较，包括 TransE[8]、ComplEx[11]、ConvE[12]、RotatE[3]、TorusE[7]、NagE[5] 和 QuatE[4]。4 个基准数据集上的链接预测实验结果如表 4.4～表 4.7 所示。

表 4.4　FB15k 数据集上的链接预测结果

方　法	MR	MRR	Hits@1/%	Hits@3/%	Hits@10/%
TransE	—	0.463	29.7	57.8	74.9
ComplEx	—	0.692	59.9	75.9	84.0
ConvE	51	0.657	55.8	72.3	83.1
TorusE	—	0.733	67.4	77.1	83.2
RotatE	40	0.797	**74.6**	83.0	88.4
NagE	—	0.791	73.4	83.1	88.6
QuatE	**17**	0.782	71.1	83.5	90.0
QuatGE	30	**0.821**	73.2	**85.2**	**90.7**

注：TransE 的结果来自文献[14]，其他方法的结果取自相应的原始论文。

表 4.5　WN18 数据集上的链接预测结果

方　法	MR	MRR	Hits@1/%	Hits@3/%	Hits@10/%
TransE	—	0.495	11.3	88.8	94.3
ComplEx	—	0.941	93.6	94.5	94.7

续表

方　法	MR	MRR	Hits@1/%	Hits@3/%	Hits@10/%
ConvE	374	0.943	93.5	94.6	95.6
TorusE	—	0.947	94.3	95.0	95.4
RotatE	309	0.949	94.4	95.2	95.9
NagE	—	0.950	94.4	95.4	**96.0**
QuatE	162	0.950	94.5	95.4	95.9
QuatGE	**158**	**0.953**	**94.9**	**95.7**	**96.0**

注：TransE 的结果来自文献[14]，其他方法的结果取自相应的原始论文。

从表 4.4 和表 4.5 可以看出，QuatGE 方法在 FB15k 数据集上的表现优于与其密切相关的嵌入模型 QuatE(除了 MR 指标)，尤其是 QuatGE 方法在 MRR 指标上相对提升了 4.987%(0.821－0.782＝0.039)，以及在 Hits@1 指标上绝对提升了 2.1 个百分点。RotatE 方法在 Hits@1 指标上取得了最高值。QuatGE 方法在 WN18 数据集上的所有指标均优于基线方法。QuatGE 方法可以有效地对对称、反对称和逆关系模式进行建模，因为这些关系模式在 FB15k 和 WN18 两个数据集中占了很大一部分。

表 4.6　FB15k-237 数据集上的链接预测结果

方　法	MR	MRR	Hits@1/%	Hits@3/%	Hits@10/%
TransE	357	0.294	—	—	46.5
ComplEx	339	0.247	15.8	27.5	42.8
ConvE	244	0.325	23.7	35.6	50.1
RotatE	177	0.338	24.1	37.5	53.3
NagE	—	0.340	24.3	37.6	53.2
QuatE	**87**	0.348	**24.8**	38.2	**55.0**
QuatGE	112	**0.350**	24.2	**38.4**	**55.0**

注：TransE 的结果来自文献[15]，ComplEx 的结果来自文献[12]，其他方法的结果取自相应的原始论文。

表 4.7　WN18RR 数据集上的链接预测结果

方　法	MR	MRR	Hits@1/%	Hits@3/%	Hits@10/%
TransE	3384	0.226	—	—	50.1
ComplEx	5261	0.440	41.0	46.0	51.0
ConvE	4187	0.430	40.0	44.0	52.0
RotatE	3340	0.476	42.8	49.2	57.1
NagE	—	0.476	42.9	49.3	57.5
QuatE	2314	0.488	43.8	50.8	58.2
QuatGE	**2263**	**0.494**	**44.0**	**51.0**	**58.6**

注：TransE 的结果来自文献[15]，ComplEx 的结果来自文献[12]，其他方法的结果取自相应的原始论文。

从表 4.6 和表 4.7 可以看出，在包含大量组合关系模式的 FB15k-237 数据集上，QuatE 和 QuatGE 方法实现了比现有先进方法更大的性能提升。在存在许多对称关系的 WN18RR 数据集上，QuatGE 方法性能表现最好。

从 4 个基准数据集上的链接预测实验结果可以看出，RotatE、NagE、QuatE 和 QuatGE 方法的表现优于 ConvE 方法，主要原因是 ConvE 方法未考虑三元组全局信息，并且卷积神经网络不断池化操作，导致部分三元组的特征信息消失，进而引起三元组得分存在一定的误差。

为进一步验证 QuatGE 方法的建模能力，将 FB15k-237 测试集中的关系模式分为 3 类：对称、反对称和组合。QuatGE 方法预测 FB15k-237 测试集中每种关系类别的头部实体和尾部实体的 MRR 结果如表 4.8 所示。

为确认 QuatGE 方法在建模不同类型关系方面的卓越表现能力，进一步分析，将 QuatGE 方法在 WN18RR 数据集中每种关系类型的 MRR 性能指标，与两个先进方法(RotatE 和 QuatE)进行比较，如表 4.9 所示。

表 4.8　预测关于 FB15k-237 数据集上关系模式的头实体和尾实体的 MRR

关系模式	预测头实体$(?,r,e_t)$			预测尾实体$(e_h,r,?)$		
	RotatE	**QuatE**	**QuatGE**	**RotatE**	**QuatE**	**QuatGE**
Symmetry	0.494	0.497	**0.500**	0.464	0.485	**0.487**
Anti-symmetry	0.483	**0.487**	0.485	0.486	0.490	**0.491**
Composition	0.278	0.292	**0.308**	0.285	0.296	**0.318**

表 4.9　WN18RR 数据集每种关系类型的 MRR 比较

关系类型	关系名称	RotatE	QuatE	QuatGE
原子(Atomic)	similar_to	**1.000**	**1.000**	**1.000**
	verb_group	**0.943**	0.924	0.940
	also_see	0.585	0.629	**0.641**
	derivationally_related_form	0.947	0.953	**0.955**
复合(Composite)	member_of_domain_usage	0.318	0.441	**0.445**
	member_of_domain_region	0.200	0.193	**0.392**
	synset_domain_topic_of	0.341	0.468	**0.469**
	instance_hypernym	0.318	0.364	**0.372**
	has_part	0.184	0.233	**0.235**
	member_meronym	0.232	0.232	**0.239**
	hypernym	0.148	0.173	**0.180**

从表 4.8 可以看出，QuatGE 方法显著提高链接预测任务的实验结果，尤其是在建模组合关系模式方面。从表 4.9 可以看出，QuatGE 方法在许多特定的组合关系上，性能表现是最好的。因此，QuatGE 方法更侧重于对组合关系进行建模。

由上述实验分析可知，QuatGE 方法在大多数指标上优于现有先进模型方法。然而，四元数群中幺元(单位元素)的唯一性限制了 QuatGE 方法的建模能力，具体原因如下。

在四元数群空间中，当遇到 $r_1(x,y) \wedge r_1(y,z) \Rightarrow r_1(x,z)$ 这样的特定组合关系模式时，对应的群论公式为 $G_{r_1} \cdot G_{r_1} = G_{r_1}$。因此，$G_{r_1}$ 被建模为四元数群中的幺元。由于幺元的唯一性，所有表现出上述模式的关系，均被建模为四元群中的相同单位元素，这也一定程度上限制了基于四元数群的知识图谱补全方法的建模能力。

本章小结

本章针对知识图谱补全中可交换/不可交换的组合关系统一建模为可交换的组合关系模式，导致部分语义关系缺失的问题，提出了一种基于四元数群的知识图谱补全方法，被命名为 QuatGE。在 QuatGE 方法中，使用轴-角(Axis-Angle)表示法将知识图谱中的每个关系建模为四元数群空间中的一个旋转算子，该旋转算子由一个具有 3 个自由度(θ、ϕ 和 ψ)的单位四元数编码。

在 QuatGE 方法中，首次充分利用了关系模式和四元数群概念之间的自然对应关系。此外，应用四元数的 Hamilton 乘积(具有不可交换性)作为评分函数，并使用类似于文献[3]提出的自我对抗训练负采样损失的损失函数有效优化 QuatGE 方法。因此，QuatGE 方法的优势在于其能够对对称关系、反对称关系、逆关系、可交换的组合关系以及不可交换的组合关系进行建模，同时还具有更高的自由度表达能力以及良好的泛化能力。

本章通过 4 个基准数据集(WN18、WN18RR、FB15k 和 FB15k-237)上的链接预测任务评估 QuatGE 方法。实验结果表明，与先进的基线方法相比，QuatGE 方法在多个评价指标上实现了一致且显著的改进。

参考文献

[1] Yang T,Sha L,Hong P. A Group-Theoretic Framework for Knowledge Graph Embedding[C]//Proceedings of the 10th International Conference on Learning Representations. ICLR 2020.

[2] Williams R J. Simple Statistical Gradient-Following Algorithms for Connectionist Reinforcement Learning[J]. Machine Learning,1992,8(3): 229-256.

[3] Sun Z,Deng Z H,Nie J Y,et al. RotateE: Knowledge Graph Embedding by Relational Rotation in Complex Space [C]//Proceedings of International Conference on Learning Representations. 2019.

[4] Zhang S,Tay Y,Yao L,et al. Quaternion Knowledge Graph Embeddings[J]. Advances in Neural Information Processing Systems,2019: 2731-2741.

[5] Yang T,Sha L,Hong P. NagE: Non-abelian Group Embedding for Knowledge Graphs[C]//Proceedings of the 29th ACM International Conference on Information & Knowledge Management. 2020: 1735-1742.

[6] Lu H,Hu H,Lin X. DensE: An Enhanced Non-commutative Representation for Knowledge Graph Embedding with Adaptive Semantic Hierarchy[J]. Neurocomputing,2022,476: 115-125.

[7] Ebisu T,Ichise R. TorusE: Knowledge Graph Embedding on a Lie Group[C]//Proceedings of the AAAI Conference on Artificial Intelligence. 2018: 1819-1826.

[8] Bordes A, Usunier N, Garcia-Duran A, et al. Translating Embeddings for Modeling Multirelational Data[J]. Advances in Neural Information Processing Systems,2013: 2787-2795.

[9] Kuipers J B. Quaternions and Rotation Sequences: A Primer with Applications to Orbits, Aerospace,and Virtual Reality[M]. Princeton: Princeton University Press,1999.

[10] Dai J S. Euler-Rodrigues Formula Variations,Quaternion Conjugation and Intrinsic Connections [J]. Mechanism and Machine Theory,2015,92: 144-152.

[11] Trouillon T,Welbl J,Riedel S,et al. Complex Embeddings for Simple Link Prediction[C]//Proceedings of the International Conference on Machine Learning. PMLR,2016: 2071-2080.

[12] Dettmers T,Minervini P,Stenetorp P,et al. Convolutional 2D Knowledge Graph Embeddings [C]//Proceedings of the AAAI Conference on Artificial Intelligence. 2018: 1811-1818.

[13] Toutanova K,Chen D. Observed Versus Latent Features for Knowledge Base and Text Inference[C]//Proceedings of the 3rd Workshop on Continuous Vector Space Models and Their Compositionality. 2015: 57-66.

[14] Nickel M,Rosasco L,Poggio T. Holographic Embeddings of Knowledge Graphs [C]//

Proceedings of the AAAI Conference on Artificial Intelligence. 2016：1955-1961.

[15] Nguyen D Q，Nguyen T D，Nguyen D Q，et al. A Novel Embedding Model for Knowledge Base Completion Based on Convolutional Neural Network[C]//Proceedings of the North American Chapter of the Association for Computational Linguistics：Human Language Technologies. 2018：327-333.

第5章

基于动态对偶四元数的知识图谱补全方法

目前，一系列将关系向量视为实体间四元数旋转的知识图谱补全方法得到了广泛研究，即本书第2～4章研究的知识图谱补全方法。结果显示这些方法具有简单高效的优点。最近，研究者不再只关注实体与关系之间的线性建模，这是因为在捕捉实体与关系之间的表示和特征交互方面薄弱时，将导致知识图谱补全模型的表达能力不足，不能动态构造一对多、多对一和多对多等复杂关系类型，缺失了实体和关系之间复杂的语义联系（C_4）。

针对上述问题（C_4），本章提出了一种新的知识图补全方法，被命名为DualDE，具体内容如下。

（1）定义知识图谱中关系旋转与平移的对偶四元数表示。

（2）基于对偶四元数可以表示空间任意旋转和平移的优点，设计对偶四元数空间中的动态策略，并采用动态映射机制构造实体转移向量和关系转移向量。

（3）根据对偶四元数乘法规则，不断调整实体向量在对偶四元数空间中的嵌入位置，动态构造一对多、多对一和多对多等复杂关系。

（4）增强三元组元素之间的特征交互能力，解决因实体和关系之间的特征交互薄弱，导致它们间复杂的语义联系缺失的问题。

5.1 理论基础

为更好地理解 DualDE 方法的基本机制，本节将首先介绍对偶数与对偶四元数的基本概念、性质以及运算规则等理论基础，然后介绍纯四元数、单位四元数以及对偶四元数的空间几何意义。

5.1.1 对偶数

为方便理解对偶四元数的运算规则和属性，本节将介绍对偶数的相关概念、运算规则和属性。

定义 5.1(对偶数)：设 $z=r+\varepsilon d$，若其中 r 和 d 均为实数，$\varepsilon^2=0$，$\varepsilon\neq 0$，则称 z 为对偶数(Dual Number)。r 为对偶数 z 的实数部分；d 为对偶数 z 的对偶部分；ε 为一个与实数域$\mathbb{R}$垂直的维度单位长度，称为对偶数单位。

对偶数的主要运算具体介绍如下。

加法：对偶数 $z_A=r_A+\varepsilon d_A$ 和对偶数 $z_B=r_B+\varepsilon d_B$ 的加法运算如式(5.1)所示。

$$z_A+z_B=(r_A+r_B)+\varepsilon(d_A+d_B) \tag{5.1}$$

减法：对偶数 $z_A=r_A+\varepsilon d_A$ 和对偶数 $z_B=r_B+\varepsilon d_B$ 的减法运算如式(5.2)所示。

$$z_A-z_B=(r_A-r_B)+\varepsilon(d_A-d_B) \tag{5.2}$$

乘法：对偶数 $z_A=r_A+\varepsilon d_A$ 和对偶数 $z_B=r_B+\varepsilon d_B$ 的乘法运算如式(5.3)所示。

$$z_A z_B=r_A r_B+\varepsilon(r_A d_B+r_B d_A) \tag{5.3}$$

共轭：对偶数 $z=r+\varepsilon d$ 的共轭表示为 $\bar{z}$，如式(5.4)所示。

$$\bar{z}=r-\varepsilon d \tag{5.4}$$

模：对偶数 $z=r+\varepsilon d$，其中 r 和 εd 是不同的两个维度，$|z|^2=r^2+(\varepsilon d)^2$，而 $\varepsilon^2=0$，所以 $|z|^2=r^2$。因此，对偶数 $z=r+\varepsilon d$ 的模长可表示为 $|z|=|r|$。

逆：对偶数 $z=r+\varepsilon d$ 的逆和四元数的逆类似，表示为 z^{-1}，如式(5.5)所示。

$$z^{-1}=\frac{\bar{z}}{|z|^2}=\frac{r-\varepsilon d}{r^2} \tag{5.5}$$

由式(5.5)可知，对偶数存在逆的条件是 $r\neq 0$。

5.1.2　对偶四元数

对偶四元数(Dual Quaternions)是对偶数理论的扩展，是对偶数和四元数在多维空间中的有机结合[1]。

定义 5.2(对偶四元数)：设 $Q_d=a+\varepsilon b$，若其中 a 和 b 均为四元数，$\varepsilon^2=0,\varepsilon\neq 0$，则称 Q_d 为对偶四元数。a 为对偶四元数 Q_d 的基本部分，可表示为 $a=a_0+a_1\mathbf{i}+a_2\mathbf{j}+a_3\mathbf{k}$；$b$ 为对偶四元数 Q_d 的对偶部分，可表示为 $b=b_0+b_1\mathbf{i}+b_2\mathbf{j}+b_3\mathbf{k}$；$\varepsilon$ 为对偶四元数单位。

不难发现，实数$\mathbb{R}$、复数$\mathbb{C}$、四元数$\mathbb{H}$以及对偶四元数$\mathbb{Q}$之间的关系是$\mathbb{R}\subset\mathbb{C}\subset\mathbb{H}\subset\mathbb{Q}$。更具体地说，实数是虚部等于零的复数($a=a+0\mathbf{i}$)；复数是虚数 $\mathbf{j}$ 和虚数 $\mathbf{k}$ 对应虚部均等于零的四元数($a+b\mathbf{i}=a+b\mathbf{i}+0\mathbf{j}+0\mathbf{k}$)；四元数是对偶部分等于零的对偶四元数($a+b\mathbf{i}+c\mathbf{j}+d\mathbf{k}=a+b\mathbf{i}+c\mathbf{j}+d\mathbf{k}+\varepsilon(0+0\mathbf{i}+0\mathbf{j}+0\mathbf{k})$)。

假设运算符 vec_8 仅取对偶四元数的系数，并将它们叠加到一个向量中，即 $\mathrm{vec}_8:\mathbb{Q}\to\mathbb{R}^8$；$\mathrm{vec}_8$ 的逆运算 vec_8^{-1} 将一个八维向量映射到一个对偶四元数的系数，即 $\mathrm{vec}_8^{-1}:\mathbb{R}^8\to\mathbb{Q}$。

给定一个对偶四元数 $Q_d=a_0+a_1\mathbf{i}+a_2\mathbf{j}+a_3\mathbf{k}+\varepsilon(b_0+b_1\mathbf{i}+b_2\mathbf{j}+b_3\mathbf{k})$，则

$$\mathrm{vec}_8(Q_d)=[a_0\quad a_1\quad a_2\quad a_3\quad b_0\quad b_1\quad b_2\quad b_3]^{\mathrm{T}}$$

给定一个八维向量 $\boldsymbol{u}=[u_1\quad u_2\quad \cdots\quad u_8]^{\mathrm{T}}$，则

$$Q_d=\mathrm{vec}_8^{-1}(\boldsymbol{u})$$

$$\mathrm{Re}(Q_d)=u_1+\varepsilon u_5$$

$$\mathrm{Im}(Q_d)=u_2\mathbf{i}+u_3\mathbf{j}+u_4\mathbf{k}+\varepsilon(u_6\mathbf{i}+u_7\mathbf{j}+u_8\mathbf{k})$$

因此，对偶四元数又称为八元数。对偶四元数的主要运算具体介绍如下。

加法：对偶四元数 $Q_{d1}=a+\varepsilon b$ 和对偶四元数 $Q_{d2}=c+\varepsilon d$ 的加法运算如式(5.6)

所示。

$$
\begin{aligned}
Q_{d1}+Q_{d2} &= (a+c)+\varepsilon(b+d) \\
&= a_0+c_0+(a_1+c_1)\mathbf{i}+(a_2+c_2)\mathbf{j}+(a_3+c_3)\mathbf{k}+ \\
&\quad \varepsilon(b_0+b_1\mathbf{i}+b_2\mathbf{j}+b_3\mathbf{k}+d_0+d_1\mathbf{i}+d_2\mathbf{j}+d_3\mathbf{k})
\end{aligned} \tag{5.6}
$$

减法：对偶四元数 $Q_{d1}=a+\varepsilon b$ 和对偶四元数 $Q_{d2}=c+\varepsilon d$ 的减法运算如式(5.7)所示。

$$
\begin{aligned}
Q_{d1}-Q_{d2} &= (a-c)+\varepsilon(b-d) \\
&= a_0-c_0+(a_1-c_1)\mathbf{i}+(a_2-c_2)\mathbf{j}+(a_3-c_3)\mathbf{k}+ \\
&\quad \varepsilon(b_0+b_1\mathbf{i}+b_2\mathbf{j}+b_3\mathbf{k}-d_0-d_1\mathbf{i}-d_2\mathbf{j}-d_3\mathbf{k})
\end{aligned} \tag{5.7}
$$

乘法：对偶四元数 $Q_{d1}=a+\varepsilon b$ 和对偶四元数 $Q_{d2}=c+\varepsilon d$ 的乘法运算如式(5.8)所示。

$$
\begin{aligned}
Q_{d1}Q_{d2} &= ac+\varepsilon(ad+cb) \\
&= (a_0+a_1\mathbf{i}+a_2\mathbf{j}+a_3\mathbf{k})(c_0+c_1\mathbf{i}+c_2\mathbf{j}+c_3\mathbf{k})+ \\
&\quad \varepsilon(a_0+a_1\mathbf{i}+a_2\mathbf{j}+a_3\mathbf{k})(d_0+d_1\mathbf{i}+d_2\mathbf{j}+d_3\mathbf{k})+ \\
&\quad \varepsilon(c_0+c_1\mathbf{i}+c_2\mathbf{j}+c_3\mathbf{k})(b_0+b_1\mathbf{i}+b_2\mathbf{j}+b_3\mathbf{k})
\end{aligned} \tag{5.8}
$$

共轭：对偶四元数 $Q_d=a+\varepsilon b$ 的共轭对偶四元数表示为 $\overline{Q_d}$，如式(5.9)所示。

$$
\overline{Q_d}=\bar{a}+\varepsilon\bar{b} \tag{5.9}
$$

模：与四元数类似，对偶四元数 $Q_d=a+\varepsilon b$ 的模表示为 $|Q_d|$，如式(5.10)所示。

$$
|Q_d|=\sqrt{\overline{Q_d}Q_d}=\sqrt{Q_d\overline{Q_d}} \tag{5.10}
$$

逆：与四元数类似，一个非0对偶四元数 $Q_d=a+\varepsilon b$ 的逆表示为 Q_d^{-1}，如式(5.11)所示。

$$
Q_d^{-1}=\frac{\overline{Q_d}}{|Q_d|^2} \tag{5.11}
$$

根据式(5.11)的定义，Q_d^{-1} 是对偶四元数 Q_d 的逆，可以得到

$$
Q_dQ_d^{-1}=Q_d^{-1}Q_d=1
$$

因此，根据 $Q_d^{-1}Q_d=1$，可以计算得到

$$Q_d^{-1}Q_d\overline{Q_d}=\overline{Q_d}$$

又由式(5.10),可以计算得到

$$Q_d^{-1}|Q_d|^2=\overline{Q_d}$$

因为,$|Q_d|^2$ 是一个对偶标量,所以式(5.11)成立,即 $Q_d^{-1}=\dfrac{\overline{Q_d}}{|Q_d|^2}$。

定义 5.3(单位对偶四元数):若一个对偶四元数的模 $|Q_d|=1$,则该对偶四元数为单位对偶四元数(Unit Dual Quaternions)。

为方便理解对偶四元数的空间旋转与平移,首先介绍纯四元数的空间平移,再深入探讨单位四元数的空间旋转。

5.1.3　纯四元数的空间平移

只有虚部的四元数称为纯虚四元数或简称为纯四元数(见定义 2.6)。纯四元数与三维向量空间$\mathbb{R}^3$ 有关,给定两个纯四元数 $\boldsymbol{u}=u_1\mathbf{i}+u_2\mathbf{j}+u_3\mathbf{k}$ 和 $\boldsymbol{v}=v_1\mathbf{i}+v_2\mathbf{j}+v_3\mathbf{k}$,则它们的叉积(×)和点积(·)对应于 $\boldsymbol{u}=[u_1\quad u_2\quad u_3]^{\mathrm{T}}$ 和 $\boldsymbol{v}=[v_1\quad v_2\quad v_3]^{\mathrm{T}}$ 两个三维向量的叉积和点积,如式(5.12)和式(5.13)所示。

$$\boldsymbol{u}\times\boldsymbol{v}=\frac{\boldsymbol{u}\boldsymbol{v}-\boldsymbol{v}\boldsymbol{u}}{2}\tag{5.12}$$

$$\boldsymbol{u}\cdot\boldsymbol{v}=-\frac{\boldsymbol{u}\boldsymbol{v}+\boldsymbol{v}\boldsymbol{u}}{2}\tag{5.13}$$

由式(5.12)和式(5.13)可得式(5.14)成立。

$$\boldsymbol{u}\boldsymbol{v}=-\boldsymbol{u}\cdot\boldsymbol{v}+\boldsymbol{u}\times\boldsymbol{v}\tag{5.14}$$

如果 $\boldsymbol{u}$ 和 $\boldsymbol{v}$ 是正交的三维向量,则 $\boldsymbol{u}\boldsymbol{v}=\boldsymbol{u}\times\boldsymbol{v}$。

由于纯四元数与$\mathbb{R}^3$ 中的向量直接相关,因此它们表示 3 个维度的平移。纯四元数 $\boldsymbol{p}=p_x\mathbf{i}+p_y\mathbf{j}+p_z\mathbf{k}$ 的平移,均由它的每个坐标沿由虚数单位表示的正交轴进行[1],如图 5.1 所示。此外,与复数类似,虚部和实部形成正交基,但只能可视化 3 个坐标,因此省略了实轴。

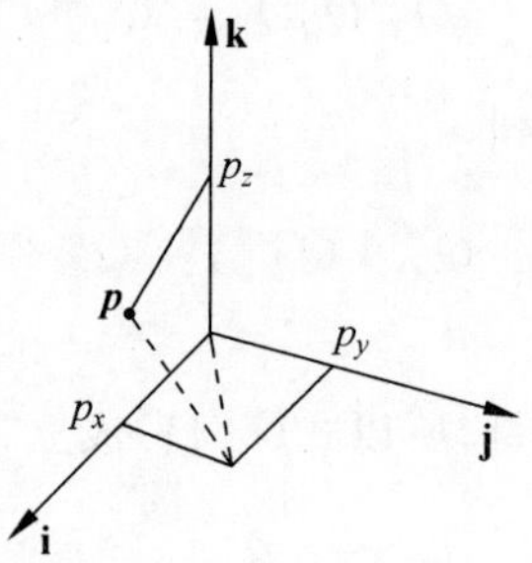

图 5.1　纯四元数 $\boldsymbol{p}=p_x\mathbf{i}+p_y\mathbf{j}+p_z\mathbf{k}$ 的平移

5.1.4　单位四元数的空间旋转

为方便理解由正交基表示的坐标系，令 $\boldsymbol{u}$、$\boldsymbol{v}$ 是两个正交的单位纯四元数(模长为 1 的纯四元数)以及 $\boldsymbol{w}=\boldsymbol{u}\times\boldsymbol{v}$，则 $\boldsymbol{u}\cdot\boldsymbol{v}=0$。由式(5.14)得 $\boldsymbol{w}=\boldsymbol{u}\boldsymbol{v}$。这样，$\{\boldsymbol{u},\boldsymbol{v},\boldsymbol{w}\}$ 是一个正交基坐标系统，如图 5.2 所示，因此有 $\boldsymbol{u}\boldsymbol{v}=\boldsymbol{w}$、$\boldsymbol{w}\boldsymbol{u}=\boldsymbol{v}$ 和 $\boldsymbol{v}\boldsymbol{w}=\boldsymbol{u}$。

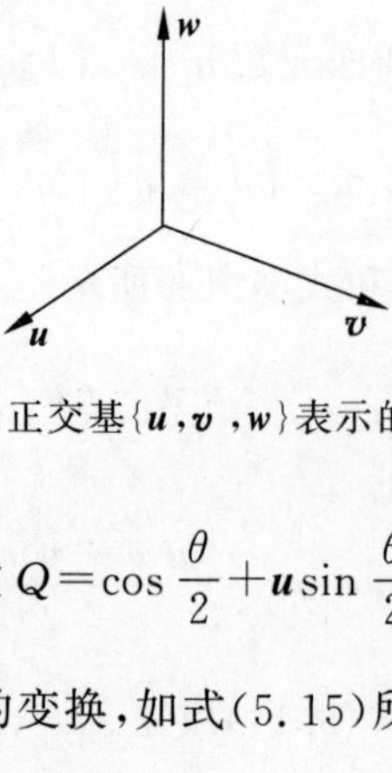

图 5.2　由正交基$\{\boldsymbol{u},\boldsymbol{v},\boldsymbol{w}\}$表示的坐标系统

由定理 2.2 可知，单位四元数 $Q=\cos\frac{\theta}{2}+\boldsymbol{u}\sin\frac{\theta}{2}$ 表示以 $\boldsymbol{u}$ 为旋转轴，旋转角度为 θ 的旋转。首先，深入探讨 $Q\boldsymbol{u}\bar{Q}$ 的变换，如式(5.15)所示。

$$
\begin{aligned}
Q\boldsymbol{u}\bar{Q}&=\left(\cos\frac{\theta}{2}+\boldsymbol{u}\sin\frac{\theta}{2}\right)\boldsymbol{u}\left(\cos\frac{\theta}{2}-\boldsymbol{u}\sin\frac{\theta}{2}\right)\\
&=\left(\boldsymbol{u}\cos\frac{\theta}{2}-\sin\frac{\theta}{2}\right)\left(\cos\frac{\theta}{2}-\boldsymbol{u}\sin\frac{\theta}{2}\right)\\
&=\boldsymbol{u}\cos^2\frac{\theta}{2}+\cos\frac{\theta}{2}\sin\frac{\theta}{2}-\sin\frac{\theta}{2}\cos\frac{\theta}{2}+\boldsymbol{u}\sin^2\frac{\theta}{2}\\
&=\boldsymbol{u}
\end{aligned}
\tag{5.15}
$$

从式(5.15)可以看出，如果 Q 确实是绕 $\boldsymbol{u}$ 轴，那么 $\boldsymbol{u}$ 在新旋转坐标系中的投影位置应该不变[1]，如图 5.3 所示。

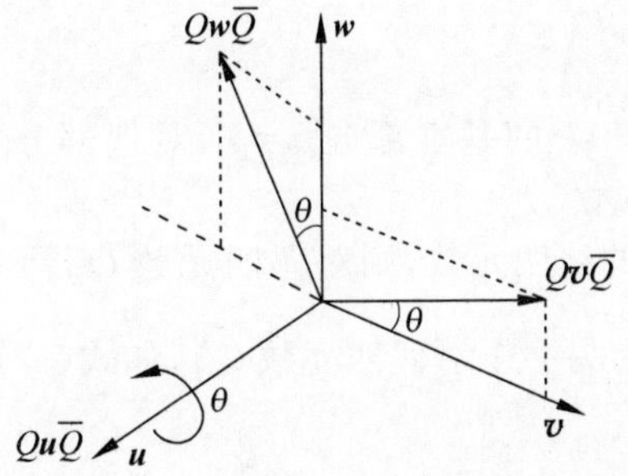

图 5.3　$\{\boldsymbol{u},\boldsymbol{v},\boldsymbol{w}\}$旋转后在固定坐标系上的投影

单位四元数 $Q=\cos\frac{\theta}{2}+\boldsymbol{u}\sin\frac{\theta}{2}$针对 $\boldsymbol{w}$ 的变换 $Q\boldsymbol{w}\bar{Q}$ 如式(5.16)所示。

$$\begin{aligned}Q\boldsymbol{w}\bar{Q}&=\left(\cos\frac{\theta}{2}+\boldsymbol{u}\sin\frac{\theta}{2}\right)\boldsymbol{w}\left(\cos\frac{\theta}{2}-\boldsymbol{u}\sin\frac{\theta}{2}\right)\\&=\left(\boldsymbol{w}\cos\frac{\theta}{2}-\boldsymbol{v}\sin\frac{\theta}{2}\right)\left(\cos\frac{\theta}{2}-\boldsymbol{u}\sin\frac{\theta}{2}\right)\\&=\left(\cos^2\frac{\theta}{2}-\sin^2\frac{\theta}{2}\right)\boldsymbol{w}+2\cos\frac{\theta}{2}\sin\frac{\theta}{2}\boldsymbol{v}\\&=\boldsymbol{w}\cos\theta-\boldsymbol{v}\sin\theta\end{aligned}\tag{5.16}$$

旋转后的 $\boldsymbol{w}$ 轴在固定坐标系上的投影由式(5.16)给出，如图 5.3 所示。同理，旋转后的$\boldsymbol{v}$ 轴在固定坐标系上的投影由式(5.17)给出，如图 5.3 所示。

$$Q\boldsymbol{v}\bar{Q}=\boldsymbol{v}\cos\theta+\boldsymbol{w}\sin\theta\tag{5.17}$$

因此得出结论，单位四元数 $Q=\cos\frac{\theta}{2}+\boldsymbol{u}\sin\frac{\theta}{2}$是绕旋转轴 $\boldsymbol{u}$ 旋转 θ 角的旋转，相当于垂直于 $\boldsymbol{u}$ 的平面旋转了 θ 角。在此意义上，以任意单位纯四元数 $\boldsymbol{n}=n_x\mathbf{i}+n_y\mathbf{j}+n_z\mathbf{k}$ 为旋转轴旋转 θ 角的旋转，由式(5.18)给出。

$$Q=\cos\frac{\theta}{2}+\boldsymbol{n}\sin\frac{\theta}{2}\tag{5.18}$$

5.1.5　对偶四元数的空间旋转与平移

从 5.1.3 节和 5.1.4 节可以看出，四元数要么只能表示空间旋转变换(单位四元数),要么只能表示空间平移变换(纯四元数)。而对偶四元数可以表示空间任意旋转和平移的组合[1]。

令对偶四元数 $Q_d = a + \varepsilon b$ 的基本部分 $a = r$,对偶部分 $b = \frac{1}{2}tr$,其中 r 代表旋转的单位四元数,t 代表平移的纯四元数,则对偶四元数 $Q_d = a + \varepsilon b$ 经过旋转 r 和平移 t 后的向量可以被压缩表示为另一个对偶四元数 Q'_d,如式(5.19)所示。

$$Q'_d = r + \frac{\varepsilon}{2}tr \tag{5.19}$$

显而易见,式(5.19)中的对偶四元数 Q'_d 是一个单位对偶四元数,因为

$$\begin{aligned} Q'_d\overline{Q'_d} &= \left(r + \frac{\varepsilon}{2}tr\right)\left(\bar{r} + \frac{\varepsilon}{2}\bar{t}\bar{r}\right) \\ &= r\bar{r} + \frac{\varepsilon}{2}(r\bar{r}\bar{t} + tr\bar{r}) \\ &= 1 \end{aligned}$$

r 代表旋转的单位四元数,t 代表平移的纯四元数,$r\bar{r} = 1$,$\bar{t} = -t$,即 Q'_d 是一个单位对偶四元数。此外,令 $\mathcal{P}(Q'_d) = r$ 和 $\mathcal{D}(Q'_d) = \frac{1}{2}tr$,则对偶四元数 Q'_d 的基本部分表示旋转,对偶部分包含平移信息。对于任意的单位对偶四元数 $Q_{dx} = r + \frac{\varepsilon}{2}tr$,给定旋转 $r = \mathcal{P}(Q_{dx})$,则平移 t 如式(5.20)所示。

$$t = 2\,\mathcal{D}(Q_{dx})\overline{\mathcal{P}(Q_{dx})} \tag{5.20}$$

值得注意的是,对偶四元数的空间变换(旋转和平移)的组合由一系列单位对偶四元数的乘法给出[2]。更具体地说,令单位对偶四元数 $Q_{d1} = r_1 + \frac{\varepsilon}{2}t_1r_1$ 和 $Q_{d2} = r_2 + \frac{\varepsilon}{2}t_2r_2$,则有

$$\begin{aligned} Q_{d3} &= Q_{d1}Q_{d2} \\ &= \left(r_1 + \frac{\varepsilon}{2}t_1r_1\right)\left(r_2 + \frac{\varepsilon}{2}t_2r_2\right) \\ &= r_1r_2 + \frac{\varepsilon}{2}(r_1t_2r_2 + t_1r_1r_2) \end{aligned} \tag{5.21}$$

显然，Q_{d3} 也是一个单位对偶四元数，这是因为

$$Q_{d3}\overline{Q_{d3}}=\left[r_1r_2+\frac{\varepsilon}{2}(r_1t_2r_2+t_1r_1r_2)\right]\left[\overline{r_2}\,\overline{r_1}+\frac{\varepsilon}{2}(\overline{r_2}\,\overline{t_2}\,\overline{r_1}+\overline{r_2}\,\overline{r_1}\,\overline{t_1})\right]$$

$$=r_1r_2\overline{r_2}\,\overline{r_1}+\frac{\varepsilon}{2}(r_1r_2\overline{r_2}\,\overline{t_2}\,\overline{r_1}+r_1r_2\overline{r_2}\,\overline{r_1}\,\overline{t_1}+r_1t_2r_2\overline{r_2}\,\overline{r_1}+t_1r_1r_2\overline{r_2}\,\overline{r_1})$$

$$=1+\frac{\varepsilon}{2}(r_1\overline{t_2}\,\overline{r_1}+\overline{t_1}+r_1t_2\overline{r_1}+t_1)$$

$$=1+\frac{\varepsilon}{2}[r_1(\overline{t_2}+t_2)\overline{r_1}+\overline{t_1}+t_1]$$

$$=1$$

此外，由式(5.20)和式(5.21)可得式(5.22)和式(5.23)。

$$\mathcal{P}(Q_{d3})=r_1r_2 \tag{5.22}$$

$$\begin{aligned}t_3&=2\,\mathcal{D}(Q_{d3})\overline{\mathcal{P}(Q_{d3})}\\&=(r_1t_2r_2+t_1r_1r_2)\overline{r_2}\,\overline{r_1}\\&=t_1+r_1t_2\overline{r_1}\end{aligned} \tag{5.23}$$

由式(5.22)和式(5.23)可以看出，对偶四元数的空间变换的组合的确由一系列单位对偶四元数的乘法计算得出。

如果对偶四元数 Q_d' 仅表示空间旋转变换(即 $t=0$)，则最终得到 $Q_d'=r$；如果对偶四元数 Q_d' 仅表示空间平移变换(即 $\theta=0$)，则最终得到 $Q_d'=1+\frac{\varepsilon}{2}t$。

利用对偶四元数 Q_d 对三维空间中的点 $P(x,y,z)$ 进行空间旋转和平移后得到点 P'，如式(5.24)所示。

$$P'=Q_dP\overline{Q_d} \tag{5.24}$$

其中，$\overline{Q_d}$ 为对偶四元数 Q_d 的共轭对偶四元数。

5.2　DualDE 方法

本节将介绍使用对偶四元数的动机、DualDE 方法的总体架构、对偶四元数空间中的动态机制以及 DualDE 方法的优化。

5.2.1 动机

基于四元数的补全方法，虽然可以处理对称、反对称、逆、组合等多种关系模式，但没考虑关系的映射特性，如一对多、多对一、多对多等，这严重限制了底层模型的表达能力，并使建模一对多、多对一、多对多等复杂关系变得困难。

为更好地建模一对多、多对一、多对多等复杂关系，文献[3]提出了一种基于动态四元数的嵌入模型(QuatDE)，该模型采用动态映射策略捕获各种关系模式，增强三元组元素之间的特征交互能力。QuatDE 模型依赖于头实体转移向量、尾实体转移向量和关系转移向量，利用映射策略动态选择与每个三元组关联的转移向量，并通过四元数的乘法规则动态调整实体嵌入向量在四元数空间中的位置。文献[4]利用对偶四元数可以同时实现 3D 空间的旋转和平移操作的特性，提出一种基于对偶四元数的知识图谱嵌入模型(DualE)，如图 5.4 所示。DualE 模型利用对偶四元数的乘法规则，将关系建模为一系列平移和旋转操作的组合，并将嵌入空间扩展为对偶四元数空间。

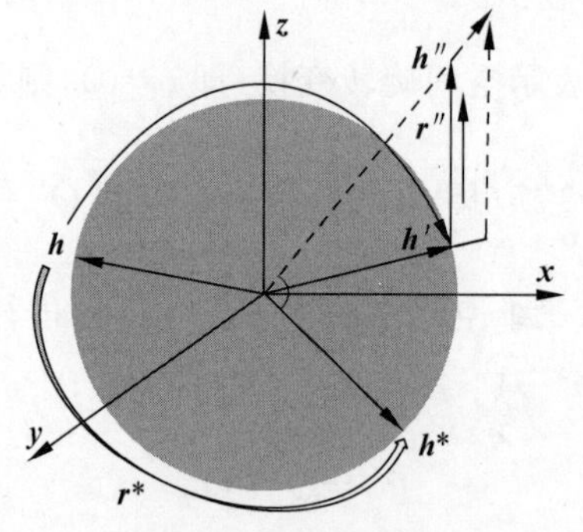

图 5.4　DualE 模型

受 QuatDE[3] 和 DualE[4] 的启发，本文提出了一种基于动态对偶四元数的知识图谱补全方法，被命名为 DualDE。该方法利用对偶四元数可以在三维空间中同时进行旋转和平移操作的特性，采用动态映射机制构造实体转移向量和关系转移向量，遵循对偶四元数的乘法规则不断调整实体向量在对偶四元数空间中的嵌入位置。

如图 5.5 和图 5.6 所示，实体(e_m)和有向链接(r_n)分别用实心圆圈和实线箭头表示，而虚线有向箭头（D_{mn}）表示由不同三元组中的元素决定的动态映射策略。从文献[4]可以看出，相似实体在3D空间中比较接近，在图5.5和图5.6中的虚线范围内直观表示。

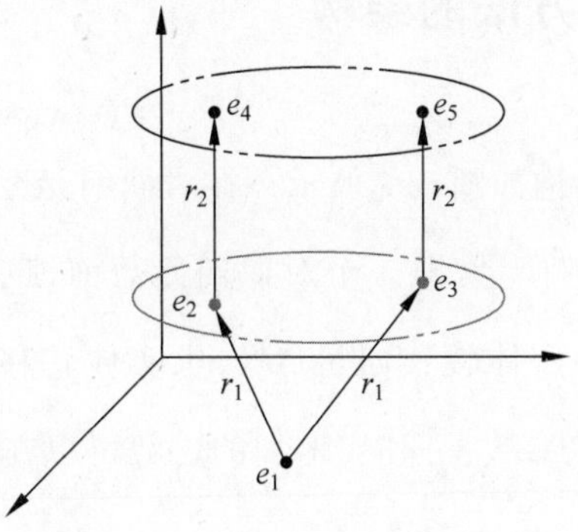

图5.5　DualE的简单示例

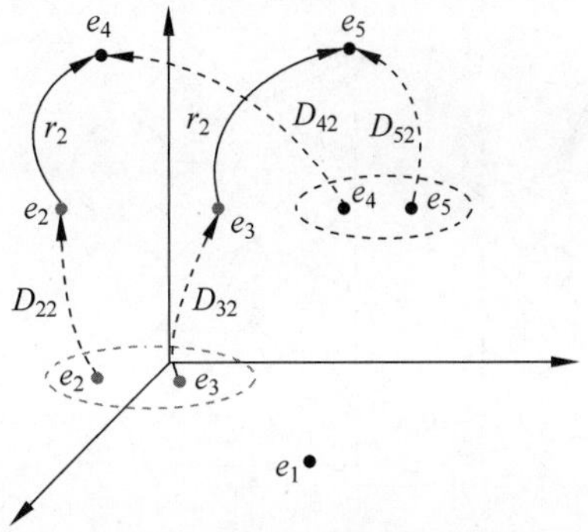

图5.6　DualDE的简单示例

因此，在图5.5中，实体e_1可以通过r_1链接到灰色点画线的范围内，但是在这个范围内有几个相似的实体，所以区分度将降低，链接结果可能是错误的。这说明在DualE方法中的实体和关系的空间位置是绝对的，并非是不断变化的；进而导致相似实体的空间距离很近，进一步证实了DualE方法的不足之处。

而DualDE方法则采用动态映射机制构造实体转移向量和关系转移向量，示例如图5.6所示，相似的实体e_2和e_3在3D空间中相对接近，但它们可以通过动态策略D_{22}和D_{32}映射到距离更远的e_2和e_3，从而具有相当程度的区分度。同理，e_4和e_5可以通过D_{42}和D_{52}得到e_4和e_5，这将有助于提高链接预测的准确性。在DualDE方法中，不同三元组中相同或相似的实体由不同的向量表示，这些向量由特定的关系和位置动态确定，因此可以有效地建模和推理一对多、多对一和多对多等复杂关系，能更好地捕获实体和关系之间复杂的语义联系。

5.2.2 DualDE 方法的架构

DualDE 方法的总体架构如图 5.7 所示。在对偶四元数空间中加入动态策略函数，构造头实体和尾实体的转移向量，即 4 个对偶四元数前馈层。4 个前馈层的权重与三元组的元素密切相关，即头实体转移向量 $\boldsymbol{M}_h^{\Diamond}$、尾实体转移向量 $\boldsymbol{M}_t^{\Diamond}$ 和关系转移向量 $\boldsymbol{N}_r^{\Diamond}$，而非神经网络中的随机参数。同时，增加的层数可以在不过度拟合的情况下，实现更复杂的交互。

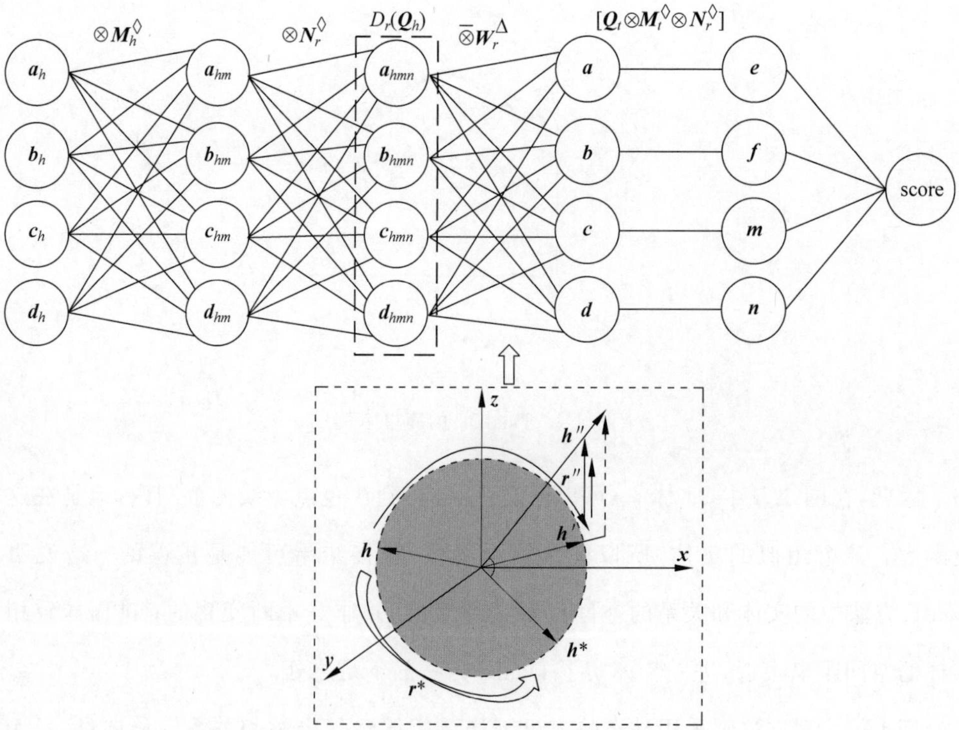

图 5.7 DualDE 方法的总体架构

使用小写字母 h、r 和 t 表示头实体、关系和尾实体，相应的粗体字母 $\boldsymbol{h}$、$\boldsymbol{r}$ 和 $\boldsymbol{t}$ 表示头实体嵌入向量、关系嵌入向量和尾实体嵌入向量。对偶四元数空间定义为 $\mathbb{Q}_d$。在对偶四元数空间中，将实体嵌入矩阵表示为 $\boldsymbol{Q} \in \mathbb{Q}_d^{|E| \times k}$，关系嵌入矩阵表示为 $\boldsymbol{W} \in$

$\mathbb{Q}_d^{|R|\times k}$,这里的$|\cdot|$代表集合中元素的数量,$k$ 代表实体和关系的嵌入维度。使用对偶四元数表示头实体嵌入矩阵 $\boldsymbol{Q}_h$,如式(5.25)所示;关系嵌入矩阵 $\boldsymbol{W}_r$ 如式(5.26)所示;尾实体嵌入矩阵 $\boldsymbol{Q}_t$ 如式(5.27)所示。

$$\boldsymbol{Q}_h = a_0 + a_1\mathbf{i} + a_2\mathbf{j} + a_3\mathbf{k} + \varepsilon(b_0 + b_1\mathbf{i} + b_2\mathbf{j} + b_3\mathbf{k}) \tag{5.25}$$

$$\boldsymbol{W}_r = c_0 + c_1\mathbf{i} + c_2\mathbf{j} + c_3\mathbf{k} + \varepsilon(d_0 + d_1\mathbf{i} + d_2\mathbf{j} + d_3\mathbf{k}) \tag{5.26}$$

$$\boldsymbol{Q}_t = e_0 + e_1\mathbf{i} + e_2\mathbf{j} + e_3\mathbf{k} + \varepsilon(f_0 + f_1\mathbf{i} + f_2\mathbf{j} + f_3\mathbf{k}) \tag{5.27}$$

使用施密特正交化将关系对偶四元数 $\boldsymbol{W}_r$ 归一化为单位关系对偶四元数 $\boldsymbol{W}_r^{\Delta}$,这里 $\boldsymbol{W}_r=(c,d)$,$\boldsymbol{c}=(c_0,c_1,c_2,c_3)$,$\boldsymbol{d}=(d_0,d_1,d_2,d_3)$。归一化过程如式(5.28)~式(5.30)所示。

$$\boldsymbol{d}' = \boldsymbol{d} - \frac{(\boldsymbol{d},\boldsymbol{c})}{(\boldsymbol{c},\boldsymbol{c})}\boldsymbol{c} = (d'_0, d'_1, d'_2, d'_3) \tag{5.28}$$

$$\boldsymbol{c}' = \frac{\boldsymbol{c}}{\|\boldsymbol{c}\|} = \frac{c_0 + c_1\mathbf{i} + c_2\mathbf{j} + c_3\mathbf{k}}{\sqrt{c_0^2 + c_1^2 + c_2^2 + c_3^2}} \tag{5.29}$$

$$\boldsymbol{W}_r^{\Delta} = c'_0 + c'_1\mathbf{i} + c'_2\mathbf{j} + c'_3\mathbf{k} + \varepsilon(d'_0 + d'_1\mathbf{i} + d'_2\mathbf{j} + d'_3\mathbf{k}) \tag{5.30}$$

5.2.3　DualDE 方法的动态机制

使用式(5.31)计算 DualDE 方法的三元组(h,r,t)的得分。

$$f_r(\boldsymbol{h},\boldsymbol{t}) = D_r(\boldsymbol{Q}_h) \overline{\otimes} \boldsymbol{W}_r^{\Delta} \cdot D_r(\boldsymbol{Q}_t) \tag{5.31}$$

其中,$\boldsymbol{Q}_h$、$\boldsymbol{Q}_t$、$\boldsymbol{W}_r^{\Delta} \in \mathbb{Q}_d^k$;$D_r(\cdot)$是由实体 e 和关系 r 驱动的动态映射函数;$\overline{\otimes}$代表对偶四元数空间中的旋转和平移操作;$\cdot$表示内积操作。

如图 5.7 所示,DualDE 方法的动态映射函数 $D_r(\cdot)$依赖于实体转移矩阵 $\boldsymbol{M} \in \mathbb{Q}_d^{|E|\times k}$ 和关系转移矩阵 $\mathbf{N} \in \mathbb{Q}_d^{|R|\times k}$。使用 $\boldsymbol{M}_h^{\Diamond}$、$\boldsymbol{M}_t^{\Diamond}$ 和 $\mathbf{N}_r^{\Diamond}$ 分别表示归一化的头实体转移向量、归一化的尾实体转移向量和归一化的关系转移向量。最终,动态映射函数 $D_r(\boldsymbol{Q}_h)$和 $D_r(\boldsymbol{Q}_t)$的定义分别如式(5.35)和式(5.36)所示。

$$\boldsymbol{M}_h^{\Diamond} = a_0^{\Diamond} + a_1^{\Diamond}\mathbf{i} + a_2^{\Diamond}\mathbf{j} + a_3^{\Diamond}\mathbf{k} + \varepsilon(b_0^{\Diamond} + b_1^{\Diamond}\mathbf{i} + b_2^{\Diamond}\mathbf{j} + b_3^{\Diamond}\mathbf{k}) \tag{5.32}$$

$$\mathbf{N}_r^{\Diamond} = c_0^{\Diamond} + c_1^{\Diamond}\mathbf{i} + c_2^{\Diamond}\mathbf{j} + c_3^{\Diamond}\mathbf{k} + \varepsilon(d_0^{\Diamond} + d_1^{\Diamond}\mathbf{i} + d_2^{\Diamond}\mathbf{j} + d_3^{\Diamond}\mathbf{k}) \tag{5.33}$$

$$\boldsymbol{M}_t^{\Diamond}=e_0^{\Diamond}+e_1^{\Diamond}\mathbf{i}+e_2^{\Diamond}\mathbf{j}+e_3^{\Diamond}\mathbf{k}+\varepsilon(f_0^{\Diamond}+f_1^{\Diamond}\mathbf{i}+f_2^{\Diamond}\mathbf{j}+f_3^{\Diamond}\mathbf{k}) \tag{5.34}$$

$$D_r(\boldsymbol{Q}_h)=\boldsymbol{Q}_h\otimes\boldsymbol{M}_h^{\Diamond}\otimes\boldsymbol{N}_r^{\Diamond} \tag{5.35}$$

$$D_r(\boldsymbol{Q}_t)=\boldsymbol{Q}_t\otimes\boldsymbol{M}_t^{\Diamond}\otimes\boldsymbol{N}_r^{\Diamond} \tag{5.36}$$

其中，$\otimes$表示对偶四元数的乘积运算。

如图 5.7 所示，给定三元组(h,r,t)，首先旋转头实体向量 $\boldsymbol{h}$ 到 $\boldsymbol{h}'$位置，然后平移 $\boldsymbol{h}'$到 $\boldsymbol{h}''$位置。于是，$\boldsymbol{h}''$与尾实体向量 $\boldsymbol{t}$ 之间的角度为 0（图 5.7 中的 $\boldsymbol{r}''$）。否则，使头部实体向量和尾部实体向量正交，使它们的乘积为零（图 5.7 中的 $\boldsymbol{r}^*$）。然后，定义中间变量 $D_r'(\boldsymbol{Q}_t)$作为头实体向量旋转和平移后的向量，即 $D_r(\boldsymbol{Q}_h)$与 $\boldsymbol{W}_r^{\triangle}$ 相乘的结果，如式(5.37)所示。

$$\begin{aligned}D_r'(\boldsymbol{Q}_t)=D_r(\boldsymbol{Q}_h)\overline{\otimes}\boldsymbol{W}_r^{\triangle}=\boldsymbol{Q}_h\otimes\boldsymbol{M}_h^{\Diamond}\otimes\boldsymbol{N}_r^{\Diamond}\overline{\otimes}\boldsymbol{W}_r^{\triangle}\\=(a\odot p-b\odot q-c\odot u-d\odot v)+\\(a\odot q-b\odot p-c\odot v-d\odot u)\mathbf{i}+\\(a\odot u-b\odot v-c\odot p-d\odot q)\mathbf{j}+\\(a\odot v-b\odot u-c\odot q-d\odot p)\mathbf{k}\end{aligned} \tag{5.37}$$

其中，$\odot$表示两个向量的 Element-Wise 乘法。根据式(5.37)可以将 $D_r'(\boldsymbol{Q}_t)$简写为

$$D_r'(\boldsymbol{Q}_t)=a'+b'\mathbf{i}+c'\mathbf{j}+d'\mathbf{k} \tag{5.38}$$

其中，a'、b'、c'和 d'由计算后合并相关项得到。由式(5.31)和式(5.36)可以进一步获得 DualDE 方法的得分函数，如式(5.39)所示。

$$f_r(\boldsymbol{h},\boldsymbol{t})=D_r'(\boldsymbol{Q}_t)\cdot[\boldsymbol{Q}_t\otimes\boldsymbol{M}_t^{\Diamond}\otimes\boldsymbol{N}_r^{\Diamond}] \tag{5.39}$$

5.2.4 DualDE 方法的优化

DualDE 方法将如式(5.40)所示的损失函数 L 作为算法优化的训练目标。

$$L=\sum_{(h,r,t)\in\{T\cup T'\}}\log\{1+\exp[-l\cdot f_r(\boldsymbol{h},\boldsymbol{t})]\}+\lambda\|\boldsymbol{w}\|_2^2 \tag{5.40}$$

其中，λ 是$\|\boldsymbol{w}\|_2^2$ 的权重系数，为防止过拟合，在权重向量 $\boldsymbol{w}$ 上使用L_2 正则化；T 是正

例三元组集合；T'是负例三元组集合，负例三元组构造方式如式(3.7)所示；l 的值依赖于三元组所属的集合，如式(5.41)所示。

$$(h,r,t)\in\begin{cases}T, & l=1\\ T', & l=-1\end{cases} \tag{5.41}$$

算法 5.1 详细描述了 DualDE 方法的优化过程，具体如下。

首先，从训练集 T 中采样了一个小批量数据集 b(算法 5.1 的第 7 行)，对于 b 中的每个三元组，采样一批负例三元组(算法 5.1 的第 10 行)。

然后，对这批负例三元组数据集进行评分预测和损失校正(算法 5.1 的第 12 行和第 13 行)。

最后，采用 Adagrad 优化器更新参数。

算法根据其在验证集上的性能表现而终止。

算法 5.1: DualDE方法的优化

输入: 训练集 $T=(h,r,t)$, 实体集 E, 关系集 R, 边距 γ, 嵌入维度 K.

输出: 实体向量 $\boldsymbol{E}'=\{\boldsymbol{e}_1,\boldsymbol{e}_2,\cdots,\boldsymbol{e}_{|E|}\}$, 关系向量 $\boldsymbol{R}'=\{\boldsymbol{r}_1,\boldsymbol{r}_2,\cdots,\boldsymbol{r}_{|R|}\}$.

1 **初始化:**

2 　　$\boldsymbol{r}\leftarrow$ zeros($|R|$,K) for each $r\in R$

3 　　$\boldsymbol{r}\leftarrow$ uniform($\boldsymbol{r}$,($-\frac{\gamma}{K}$,$\frac{\gamma}{K}$)) for each $r\in R$

4 　　$\boldsymbol{e}\leftarrow$ zeros($|E|$,K) for each $e\in E$

5 **for** iteration=1, 2, $\cdots$, N **do**

6 　$e\leftarrow$ uniform(e,($-\frac{\gamma}{K}$,$\frac{\gamma}{K}$)) for each $e\in E$

　/* 进行大小为b的小批量采样 */

7 　$T_{\text{batch}}\leftarrow$sample($T$, b)

　/* 初始化三元组集合 */

8 　$U_{\text{batch}}\leftarrow\varnothing$

9 　**for** $(h,r,t)\in S_{\text{batch}}$ **do**

　　/* 负例三元组采样 */

10 　　$(h',r,t')\leftarrow$sample($T'_{(h,r,t)}$)

11 　　$U_{\text{batch}}\leftarrow U_{\text{batch}}\cup\{((h,r,t),(h',r,t'))\}$

12 　计算得分函数 $f_r(\boldsymbol{h},\boldsymbol{t})=D_r'(\boldsymbol{Q}_t)\bullet[\boldsymbol{Q}_t\otimes\boldsymbol{M}_t^{\diamondsuit}\otimes\boldsymbol{N}_r^{\diamondsuit}]$

13 　更新损失函数:

14 　$$\sum_{(h,r,t)\in\{T\cup T'\}}\log(1+\exp(-l\bullet f_r(\boldsymbol{h},\boldsymbol{t})))+\lambda\|\boldsymbol{w}\|_2^2$$

5.3 实验结果分析与讨论

本节将首先介绍实验设置，包括实验数据集、评估指标以及实现细节；然后报告链接预测结果与讨论实验分析；最后阐述三元组分类实验结果与讨论分析。

5.3.1 数据集

为验证 DualDE 方法可以动态获取三元组各维度的特征信息，并通过嵌入向量可以学习实体与关系之间的深层关联关系，使用 WN18[5]、WN18RR[6] 和 FB15k-237[7] 3 个标准数据集进行实验验证。其中，WN18RR 和 FB15k-237 分别是 WN18 和 FB15k[5] 的子集。为了使实验结果更加准确，WN18RR 和 FB15k-237 通过过滤掉 WN18 和 FB15k 中的所有可逆三元组得到。另外，WN18 和 FB15k 数据集都能够提升实验结果，因此选择其中之一进行实验验证。数据集的统计结果如表 5.1 所示。

表 5.1 DualDE 方法使用的数据集统计结果

数据集	实体	关系	训练集	验证集	测试集
WN18	40943	18	141442	5000	5000
WN18RR	40943	11	86835	3034	3134
FB15k-237	14541	237	272115	17535	20466

5.3.2 评价指标

选择平均排名(MR)、平均倒数排名(MRR)以及 Hits@N 作为 DualDE 方法的链接预测实验的评价指标。

MR 表示所有事实三元组的平均排名，较低的 MR 值代表更好的性能，其计算方法参见式(2.25)。

MRR 表示所有事实三元组的平均倒数排名，较高的 MRR 值代表更好的性能，其计算方式参见式(2.26)。

Hits@N 是指所有事实三元组在前 N 个中的百分比，较高的 Hits@N 值代表更好的性能，其计算方法参见式(2.27)。

5.3.3 超参数设置

DualDE 方法的所有实验均在具有 1755MHz 23 GD6 GeForce RTX 2080 Ti GPU 以及 64GB 内存的服务器上进行，其超参数范围设置如下。

(1) 嵌入维度 $k \in \{50,100,150,200,250,300,400\}$。

(2) 批量大小 $b \in \{128,256,512,1024\}$。

(3) L_2 正则化参数 $\lambda \in \{0.02,0.05,0.1,0.15,0.2\}$。

(4) 学习率 α 在 0.02～0.1 选择，并根据不同的数据集选择不同的学习率。

在 DualDE 方法中，根据 3 个基准数据集上的验证数据集的 Hits@10 表现确定 DualDE 方法的最优超参数，如表 5.2 所示。

表 5.2　DualDE 方法的最优超参数设置

超参数	WN18	WN18RR	FB15k-237
k	200	200	100
b	512	512	1024
α	0.035	0.025	0.02

5.3.4 链接预测实验评估

链接预测是预测三元组中缺失的实体或关系。例如，给定头实体和关系(e_h,r,?)，预测出尾实体 e_t。在链接预测任务上，将 DualDE 方法与目前先进的模型或方法进行比较，包括 TransE[5]、TransH[8]、TransR[9]、DistMult[10]、ComplEx[11]、ConvE[6]、ConvKB[12]、CapsE[13]、CapS-QuaR(本书第 3 章方法)、QuatDE[3]、DualE[4]、RotatE[14]、Rotate3D[15]和 QuatE[16]等。3 个标准数据集上的链接预测结果分别如表 5.3、表 5.4 和表 5.5 所示，表中其他方法或模型的实验结果来自原文。

表 5.3 WN18RR 数据集上的链接预测结果

模型或方法	MR	MRR	Hits@10/%	Hits@3/%	Hits@1/%
DistMult	5110	0.425	49.1	44.0	39.0
ComplEx	5261	0.444	50.7	46.0	41.0
ConvE	4187	0.433	51.5	44.0	40.0
TransE	3384	0.226	50.1	—	—
TransH	3048	0.286	50.3	—	—
TransR	3348	0.303	51.3	—	—
ConvKB	763	0.253	56.7	—	—
CapsE	719	0.415	56.0	—	33.7
RotatE	3340	0.476	57.1	48.8	42.2
Rotate3D	3328	0.489	57.9	50.5	44.2
QuatE	2314	0.488	58.2	50.8	43.8
DualE	2270	0.492	58.4	51.3	**44.4**
CapS-QuaR	**706**	0.436	58.5	51.0	43.0
QuatDE	1977	0.489	58.6	50.9	43.8
DualDE	2450	**0.512**	**58.8**	**53.9**	42.1

表 5.4 FB15k-237 数据集上的链接预测结果

模型或方法	MR	MRR	Hits@10/%	Hits@3/%	Hits@1/%
DistMult	254	0.241	41.9	26.3	15.5
ComplEx	339	0.247	42.8	27.5	15.8
ConvE	244	0.325	50.1	35.6	23.7
TransE	357	0.294	46.5	—	—
TransH	348	0.284	48.8	—	—
TransR	310	0.310	50.6	—	—
ConvKB	254	0.418	53.2	—	—
CapsE	303	0.523	59.3	—	**54.8**
RotatE	177	0.338	53.3	32.8	20.5
Rotate3D	165	0.347	54.3	38.5	25.0
QuatE	87	0.348	55.0	38.2	24.8
DualE	91	0.365	55.9	40.0	26.8
CapS-QuaR	238	0.525	61.8	**55.4**	44.0
QuatDE	90	0.365	56.3	40.0	26.8
DualDE	**80**	**0.537**	**62.9**	42.3	24.0

表 5.5　WN18 数据集上的链接预测结果

模型或方法	MR	MRR	Hits@10/%	Hits@3/%	Hits@1/%
DistMult	655	0.797	94.6	—	—
ComplEx	—	0.941	94.7	94.5	93.6
ConvE	374	0.943	95.6	94.6	93.5
TransE	—	0.496	94.3	88.8	11.3
TransH	388	—	82.3	—	—
TransR	225	—	92.0	—	—
RotatE	184	0.947	96.1	95.3	93.8
Rotate3D	214	0.951	96.1	95.3	94.5
QuatE	162	0.950	95.9	95.4	94.5
DualE	156	0.952	96.2	**95.6**	94.6
QuatDE	**120**	0.950	96.1	95.4	94.4
DualDE	174	**0.967**	**98.2**	93.1	**94.7**

由表 5.3～表 5.5 可以看出，在 WN18RR 数据集上，与 RotatE 和 DualE 方法相比，DualDE 方法的 MRR 指标分别获得了 7.6%和 4.1%的显著改进；在 Hits@10 指标上，分别获得了 1.7 个百分点和 0.4 个百分点的显著改进。在 FB15k-237 数据集上，与 QuatE 和 ComplEx 方法相比，DualDE 方法在 Hits@3 指标上，分别获得了 4.1 个百分点和 14.8 个百分点的显著改进；在 Hits@10 指标上，分别获得了 7.9 个百分点和 20.1 个百分点的显著改进。在 WN18 数据集上，除了 MR 和 Hits@3 指标外，DualDE 方法的表现优于与其密切相关的补全方法 QuatDE，尤其在 MRR 上获得了 1.8%的改进；在 Hits@10 上获得了 2.1 个百分点的改进。

在 WN18RR、FB15k-237 和 WN18 这 3 个基准数据集上，DualDE 方法在许多指标上优于其他先进的补全方法，表明结合对偶四元数的动态嵌入机制，可以有效地对知识图谱进行建模和补全。此外，在基准数据集 FB15k-237 上，CapS-QuaR 方法的 Hits@3 指标优于其他补全方法，表明 CapS-QuaR 方法可以有效地应用于知识图谱的补全任务。在基准数据集 WN18 上，DualDE 方法在 Hits@10、MRR 和 Hits@1 指标上的表现优于 QuatDE 方法。

综上，DualDE 方法实现了更好的链接预测性能，这源于对偶四元数具有旋转和平移统一建模的能力。结合动态映射函数，DualDE 方法可以动态获取三元组每个维度的特征信息，并且通过嵌入向量可以学习实体与关系之间的深层关联关系。

为了展示 DualDE 方法在建模 1-to-1、1-to-N、N-to-1 和 N-to-N 这 4 种关系类型上的优势，使用多个关系示例进行表征学习，如表 5.6 所示。

表 5.6 FB15k-237 数据集中关系的表征学习

关系示例		QuatE/QuatDE/DualDE	
		MR	Hits@10/%
1-to-1	/film/film/prequel	9.53/3.69/**3.57**	75/91.7/**93**
	/education/educational_institution/campuses	25.1/**1.00**/25.7	69/**100**/**100**
	/location/hud_county_place/place	38.6/11.8/**9.81**	81/**91**/84
	/education/educational_institution_campus/educational_institution	14.2/**1.15**/12.9	61/**100**/**100**
1-to-N	/sports/sports_league/teams./sports/sports_league_participation/team	10.6/5.80/**5.13**	81/91/**94**
	/education/field_of_study/students_majoring./education/education/student	52.1/41.0/**37.9**	31/37/**57**
	/organization/organization/child./organization/organization_relationship/child	28.1/26.4/**19.3**	38/50/**69**
N-to-1	/film/film/release_date_s./film/film_regional_release_date /film_release_distribution_medium	9.3/**9.00**/11.3	72/78/**84**
	/location/location/time_zones	43.8/24.8/**20.5**	72/78/**89**
	/film/film/produced_by	96.5/90.3/**78.0**	42/54/**69**
	/people/person/nationality	130.7/**118.3**/124.6	55/59/**71**
N-to-N	/location/location/contains	155.4/117.2/**95.7**	47/52/**57**
	/organization/organization_member /member_of./organization/organization	11.9/6.70/**5.60**	79/88/**89**
	/film/film/country	109.4/91.5/**84.5**	51/**56**/45
	/music/genre/parent_genre	27.7/20.6/**18.9**	47/58/**60**

从表 5.6 可以看出，DualDE 方法在多种关系类型上取得了良好的实验结果。这是因为 DualDE 方法采用动态映射机制构造实体转移向量和关系转移向量，并按照对偶四元数乘法规则，不断调整实体向量在对偶四元数空间中的嵌入位置，从而有效地对复杂关系类型进行建模和推理。特别是在 1-to-N、N-to-1 和 N-to-N 关系类型中，DualDE 方法在 22 个指标中有 19 个指标（11 种关系，每种关系两个指标）取得了最好的成绩。进一步说明 DualDE 方法具有出色的复杂关系建模能力。但对 1-to-1 关系类型的实验结果，DualDE 方法与 QuatE 和 QuatDE 方法具有相似性能。

5.3.5 三元组分类实验评估

三元组分类任务旨在推断知识图谱中的事实三元组是否正确，是一个简单的二分类问题[17]。例如，(Washington，Capital_Of，USA)是一个正确的三元组，而(Washington，Capital_Of，China)是一个错误的三元组。

在三元组分类实验中，需考虑负例样本，即错误三元组。一般认为，知识图谱中的三元组均是正确的，因此，本节的三元组分类实验需要构造一组负样本，并使得正负样本之比为 1∶1。参照 TransE 方法的实验设置，对于测试集中任意一个三元组，将头实体或尾实体随机替换成另一个实体即可构造一个负样本。最终，得到一个包含正样本和负样本的测试集。

参考文献[18]提出的三元组分类任务，本节的三元组分类实验设置一个阈值 δ，即对于测试集中的任意一个三元组，使用式(5.39)所示的评分函数计算得分，如果得分值高于阈值，则三元组是正确的，否则为错误三元组。因为三元组分类任务是一个二分类任务，所以将三元组分类准确率作为实验的评估指标，如式(5.42)所示。

$$\mathrm{Acc}=\frac{|\mathrm{CCT}|}{|\mathrm{TS}|}\times 100\% \tag{5.42}$$

其中，TS 表示测试集；$|\mathrm{TS}|$ 表示测试集中三元组数量；CCT 表示分类正确的三元组集合；$|\mathrm{CCT}|$ 表示分类正确的三元组数量。

在三元组分类任务上，本书将 DualDE 方法与现有先进的模型或方法进行比较，包括 TransE[5]、TransH[8]、HolE[19]、ConvE[6]、ConvKB[12]、PConvKB[20]、QuatDE[3] 和 QuatE[16] 等。在 3 个标准数据集上的三元组分类结果如表 5.7 所示。

表 5.7 三元组分类结果

模型或方法	Acc/%		
	WN18RR	FB15k-237	WN18
TransE	74.0	75.6	87.6
TransH	77.0	77.0	96.5
HoLE	71.4	70.3	88.1
ConvE	78.3	78.2	95.4

续表

模型或方法	Acc/%		
	WN18RR	FB15k-237	WN18
ConvKB	79.1	80.1	96.4
PConvKB	80.3	82.1	97.6
QuatE	86.7	81.8	97.9
QuatDE	87.6	83.0	98.0
DualDE	**89.4**	**84.7**	**98.2**

注：TransE、TransH、HolE、ConvE 以及 PConvKB 的实验结果来自文献[20]，QuatE 和 QuatDE 的实验结果来自文献[3]。

从表 5.7 可以看出，DualDE 方法的三元组分类准确率明显高于 TransE、TransH、QuatE 和 QuatDE 等嵌入表示模型，以及 ConvE、ConvKB 和 PConvKB 等卷积网络模型。在 WN18RR 数据集上，DualDE 方法与 PConvKB 和 QuatDE 方法相比，三元组分类准确率分别提高了 9.1 个百分点和 1.8 个百分点。在 FB15k-237 数据集上，与 QuatE 和 ConvKB 方法相比，DualDE 方法的三元组分类准确率分别提高了 2.9 个百分点和 4.6 个百分点。最重要的是，三元组分类结果证明了 DualDE 方法的出色性能，因为 DualDE 方法可以更好地捕获实体和关系之间复杂的语义联系。

从本章的实验结果可以看出，QuatE、QuatDE 以及 DualDE 方法的表现优于 ConvE、ConvKB、PConvKB 等卷积神经网络方法，这是因为卷积神经网络不断池化操作，导致部分三元组的特征信息消失，进而引起三元组得分存在一定的误差；同时，还优于胶囊网络方法 CapsE，这是因为 CapsE 方法将 TransE 模型的训练结果作为胶囊网络的输入，而任何对称关系在 TransE 模型中都将由一个 0 翻译向量表示，进而不能建模对称关系。

本章小结

本章针对知识图谱补全中实体与关系之间的表示和特征交互不能被有效捕获，不能动态构造一对多、多对一和多对多等复杂关系，导致知识图谱补全模型的表达能力不足及实体和关系之间复杂的语义联系缺失的问题(C_4)，提出了一种基于动态对偶四元数的知识图谱补全方法,被命名为 DualDE。

在 DualDE 补全方法中,使用动态映射机制构造实体转移向量和关系转移向量,并根据对偶四元数乘法规则不断调整实体向量在对偶四元数空间中的嵌入位置,动态地将对偶四元数映射到知识图谱上。DualDE 补全方法结合动态映射函数可以动态获取三元组每个维度的特征信息,并且通过嵌入向量可以学习实体与关系之间的深层语义关联关系,进而更好地捕获实体和关系之间复杂的语义联系。

本章通过 3 个基准数据集(WN18、WN18RR、和 FB15k-237)上的链接预测任务和三元组分类任务评估 DualDE 方法的性能。实验结果表明,与先进的补全方法或模型相比,DualDE 补全方法在实验任务的多个评价指标上实现了改进。进一步表明,该方法可有效地建模和推理一对多、多对一和多对多等复杂关系。

参考文献

[1] Adorno B V. Robot Kinematic Modeling and Control Based on Dual Quaternion Algebra—Part Ⅰ: Fundamentals[R]. HAL Open Science. hal-01478225,2017.

[2] Savino H J,Pimenta L C A,Shah J A,et al. Pose Consensus Based on Dual Quaternion Algebra with Application to Decentralized Formation Control of Mobile Manipulators[J]. Journal of the Franklin Institute,2020,357(1): 142-178.

[3] Gao H,Yang K,Yang Y,et al. QuatDE: Dynamic Quaternion Embedding for Knowledge Graph Completion[OL]. arXiv Preprint,arXiv: 2105. 09002,2021.

[4] Cao Z,Xu Q,Yang Z,et al. Dual Quaternion Knowledge Graph Embeddings[C]//Proceedings of the AAAI Conference on Artificial Intelligence. 2021,35: 6894-6902.

[5] Bordes A, Usunier N, Garcia-Duran A, et al. Translating Embeddings for Modeling Multirelational Data[J]. Advances in Neural Information Processing Systems,2013: 2787-2795.

[6] Dettmers T,Minervini P,Stenetorp P,et al. Convolutional 2D Knowledge Graph Embeddings [C]//Proceedings of the AAAI Conference on Artificial Intelligence. 2018: 1811-1818.

[7] Toutanova K,Chen D. Observed Versus Iatent Features for Knowledge Base and Text Inference [C]//Proceedings of the 3rd Workshop on Continuous Vector Space Models and Their Compositionality. 2015: 57-66.

[8] Wang Z,Zhang J,Feng J,et al. Knowledge Graph Embedding by Translating on Hyperplanes [C]//Proceedings of the AAAI Conference on Artificial Intelligence. 2014: 1112-1119.

[9] Lin Y, Liu Z, Sun M, et al. Learning Entity and Relation Embeddings for Knowledge Graph Completion [C]//Proceedings of the AAAI Conference on Artificial Intelligence. 2015: 2181-2187.

[10] Yang B, Yih W, He X, et al. Embedding Entities and Relations for Learning and Inference in Knowledge Bases [C]//Proceedings of the 3rd International Conference on Learning Representations. 2015.

[11] Trouillon T, Welbl J, Riedel S, et al. Complex Embeddings for Simple Link Prediction[C]//Proceedings of the International Conference on Machine Learning. PMLR, 2016: 2071-2080.

[12] Nguyen D Q, Nguyen T D, Nguyen D Q, et al. A Novel Embedding Model for Knowledge Base Completion Based on Convolutional Neural Network[C]//Proceedings of the North American Chapter of the Association for Computational Linguistics: Human Language Technologies. 2018: 327-333.

[13] Vu T, Nguyen T D, Nguyen D Q, et al. A Capsule Network-Based Embedding Model for Knowledge Graph Completion and Search Personalization [C]//Proceedings of the 2019 Conference of the North American Chapter of the Association for Computational Linguistics: Human Language Technologies, Volume 1 (Long and Short Papers). 2019: 2180-2189.

[14] Sun Z, Deng Z H, Nie J Y, et al. RotateE: Knowledge Graph Embedding by Relational Rotation in Complex Space[C]//Proceedings of International Conference on Learning Representations. 2019.

[15] Gao C, Sun C, Shan L, et al. Rotate3D: Representing Relations as Rotations in Three-Dimensional Space for Knowledge Graph Embedding [C]//Proceedings of the 29th ACM International Conference on Information & Knowledge Management. 2020: 385-394.

[16] Zhang S, Tay Y, Yao L, et al. Quaternion Knowledge Graph Embeddings [J]. Advances in Neural Information Processing Systems, 2019: 2731-2741.

[17] Wiharja K, Pan J Z, Kollingbaum M J, et al. Schema Aware Iterative Knowledge Graph Completion[J]. Journal of Web Semantics, 2020, 65: 100616.

[18] Socher R, Chen D, Manning C D, et al. Reasoning with Neural Tensor Networks for Knowledge Base Completion[J]. Advances in Neural Information Processing Systems, 2013: 926-934.

[19] Nickel M, Rosasco L, Poggio T. Holographic Embeddings of Knowledge Graphs [C]//Proceedings of the AAAI Conference on Artificial Intelligence. 2016, 30: 1955-1961.

[20] Jia N, Cheng X, Su S. Improving Knowledge Graph Embedding Using Locally and Globally Attentive Relation Paths[J]. Advances in Information Retrieval, 2020: 17-32.

第6章

基于四元数的知识图谱补全方法之比较分析

本章首先对本书提出的补全方法进行比较分析，然后对本书的研究内容进行总结，最后对知识图谱补全方法的发展趋势进行展望。

6.1 本书提出的补全方法之比较分析

针对知识图谱补全中存在的主要问题，本书提出了 QuaR、CapS-QuaR、QuatGE 及 DualDE 等一系列基于四元数的知识图谱补全方法，它们解决的问题、创新策略、具体措施及相对优势如表 6.1 所示。

表 6.1 四元数驱动的知识图谱补全方法总结分析

方法	针对问题	创新策略	具体措施	相对优势
QuaR	关系建模能力不足	结合四元数表示向量空间中平滑旋转和空间变换参数化的特性	提出基于四元数关系旋转的知识图谱补全方法 QuaR：将知识图谱中的实体和实体间关系映射到四元数向量空间，并将每个关系定义为头实体到尾实体的旋转	弥补了现有方法缺陷，提高了语义关系的建模和推理能力

续表

方法	针对问题	创新策略	具 体 措 施	相 对 优 势
CapS-QuaR	不能深层次地挖掘三元组各维度属性信息	结合胶囊网络可编码更多特征信息以及特征信息保留于整个网络等优点	提出基于四元数嵌入胶囊网络的知识图谱补全方法 CapS-QuaR：将 QuaR 方法的训练结果输入到胶囊网络，经过胶囊网络的卷积、重组、动态路由以及内积等一系列操作运算后，得到三元组得分，进而补全知识图谱	将 QuaR 方法的训练结果输入胶囊网络，解决了知识图谱中三元组属性语义信息缺失问题
QuatGE	多跳组合关系建模不充分	依据群论和关系模式的对应关系，结合四元数群具有非阿贝尔群的特性	提出基于四元数群空间的知识图谱补全方法 QuatGE：采用轴角表示法，在四元数群空间中对关系的旋转操作进行建模；将复杂组合关系分为可交换性和不可交换性	有效建模复杂组合关系模式；解决了因知识图谱中复杂组合关系建模不充分，导致部分组合关系语义缺失的问题
DualDE	实体和关系之间的特征交互薄弱	利用对偶四元数可以表示空间任意旋转与平移的优点	提出基于动态对偶四元数空间的知识图谱补全方法 DualDE：设计对偶四元数空间中的动态策略；采用动态映射机制构造实体转移向量和关系转移向量；根据对偶四元数乘法规则，不断调整实体向量在对偶四元数空间中的嵌入位置，动态构造 $1:N$、$N:1$ 和 $M:N$ 等复杂关系类型	增强三元组元素间的特征交互能力；进而解决了因实体和关系之间的特征交互薄弱导致它们间语义联系缺失问题

由前文实验结果分析得知 QuaR、CapS-QuaR、QuatGE 及 DualDE 等方法在 WN18RR 和 FB15k-237 数据集上的链接预测结果分别如表 6.2 和表 6.3 所示。

表 6.2　本书各方法在 WN18RR 数据集上的链接预测结果

方　　法	MR	MRR	Hits@10/%	Hits@3/%	Hits@1/%
QuaR	2864	0.465	57.9	46.0	42.7
CapS-QuaR	**706**	0.436	58.5	51.0	43.0
QuatGE	2263	0.494	58.6	51.0	**44.0**
DualDE	2450	**0.512**	**58.8**	**53.9**	42.1

表 6.3　本书各方法在 FB15k-237 数据集上的链接预测结果

方　　法	MR	MRR	Hits@10/%	Hits@3/%	Hits@1/%
QuaR	165	0.358	56.0	37.8	23.7
CapS-QuaR	238	0.525	61.8	**55.4**	**44.0**
QuatGE	112	0.350	55.0	38.4	24.2
DualDE	**80**	**0.537**	**62.9**	42.3	24.0

从表 6.2 和表 6.3 可以发现，四元数与胶囊网络结合的 CapS-QuaR 方法性能表现优于 QuaR 方法和 QuatGE 方法，主要原因如下。

(1) CapS-QuaR 方法将建模能力较强的 QuaR 方法的训练结果输入胶囊网络，同时胶囊网络可编码三元组的特征信息以及特征信息保留于整个网络。

(2) 在 CapS-QuaR 方法中，存在一部分有效三元组的神经元在应用 ReLU 函数激活后变为零，三元组在前向传递过程中变得非常相似，从而导致它们获得完全相同的分数。如果许多三元组与正确三元组有相同的得分，那么正确三元组就可能得到较好排名，进而提升性能指标。

同时，从表 6.2 和表 6.3 可以发现，基于四元数空间($\mathcal{Q}$)的补全方法(QuaR)、基于四元数群空间($\mathcal{G}^Q$)的补全方法(QuatGE)以及基于动态对偶四元数空间($\mathcal{D}^Q$)的补全方法(DualDE)的性能表现与空间扩展($\mathcal{Q}\subset\mathcal{G}^Q\subset\mathcal{D}^Q$)存在正向关系。也就是说，随着嵌入空间的扩展，补全方法的性能表现不断改善。

经过本书的研究发现，以 Trans 系列为代表的实值向量空间嵌入方法、以 RotatE 为代表的复数向量空间嵌入方法以及本书提出的嵌入方法，它们的优势与极限及其相互关系示意图，如图 6.1 所示。其中，Comp(KG)是补全后的知识图谱，ΔKG 是增量的知识图谱，init(KG)是初始/基础知识图谱，各条饱和曲线代表各嵌入空间扩展法的效用。下面对图 6.1 中的饱和曲线进行推理说明。

针对“开放世界”假设的知识图谱补全，其补全后的知识图谱的变化趋势为饱和曲线如式(6.1)所示。

$$y=f(r,x)=\frac{KP_0\mathrm{e}^{rx}}{K+P_0(\mathrm{e}^{rx}-1)} \tag{6.1}$$

其中，K 为 y 的终值；P_0 为 y 的初值；r 为 y 的变化快慢；x 为 y 的外来数据输入。

对式(6.1)求偏导$\dfrac{\partial y}{\partial x}$，得到

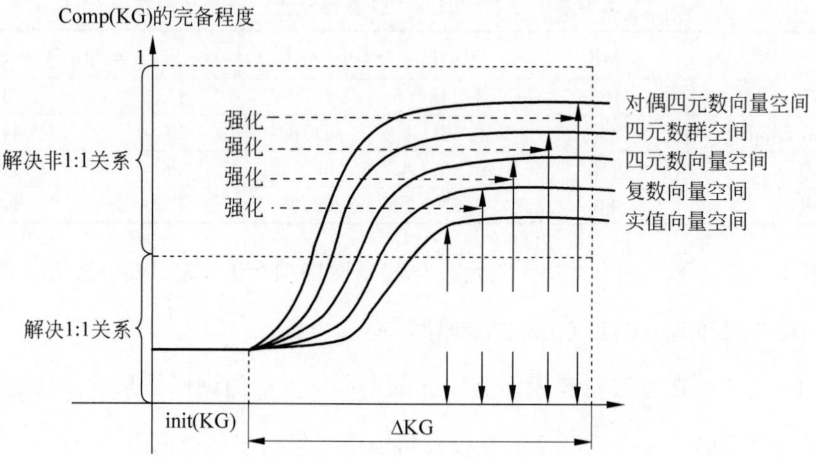

图 6.1 嵌入空间的优势与极限及其相互关系

$$\frac{\partial y}{\partial x}=\frac{\partial f(r,x)}{\partial x}=\frac{KP_0 r\mathrm{e}^x}{P_0 r\mathrm{e}^x}=K>0 \tag{6.2}$$

式(6.2)说明，函数 $y=f(r,x)$ 的变化是正增长的。

令 $P_0=|\mathrm{init(KG)}|$，并且

$$K=\max_{1<i\leqslant n, m\in M, n\to\infty}\{|\mathrm{comp}_i^m(\mathrm{KG})|\}$$

$$\mathrm{comp(KG)}=\mathrm{init(KG)}+\Delta\,\mathrm{KG}$$

$$|\mathrm{comp(KG)}|=|\mathrm{init(KG)}|+|\Delta\,\mathrm{KG}|$$

其中，$m\in M$ 为具体的补全方法；i 为方法 m 的第 i 次应用；$|\mathrm{comp}_i^m(\mathrm{KG})|$ 为第 i 次运用方法 m 所得到的补全后的知识图谱规模。

而针对“封闭世界”假设的知识图谱补全(本书工作属于此类)，其补全后的知识图谱 comp(KG)的数量 $y=|\mathrm{comp(KG)}|$ 的变化趋势的饱和曲线，其中 x 没有变化，因而是一个常数，可设为 ζ。在式(6.1)基础上，进一步地可简化为

$$y^*=f^*(r)=\frac{KP_0\mathrm{e}^{r\zeta}}{K+P_0(\mathrm{e}^{r\zeta}-1)} \tag{6.3}$$

对式(6.3)进行求导，得到

$$\frac{\mathrm{d}y^*}{\mathrm{d}r}=\frac{KP_0\zeta\mathrm{e}^r}{P_0\zeta\mathrm{e}^r}=K>0 \tag{6.4}$$

式(6.4)说明，函数 $y^*=f^*(r)$ 的变化是正增长的。

令 $K=\omega\cdot P_0$，即式(6.5)成立。

$$\omega=\frac{K}{P_0} \tag{6.5}$$

由式(6.3)和式(6.5)，得

$$y^*=f^*(r)=\frac{\omega(P_0)^2\mathrm{e}^{r\zeta}}{P_0(\mathrm{e}^{r\zeta}+\omega-1)}=\frac{\omega P_0\mathrm{e}^{r\zeta}}{\omega+(\mathrm{e}^{r\zeta}-1)} \tag{6.6}$$

再假定 $K=5\cdot P_0$，则式(6.6)可进一步简化为

$$y_5^\circ=f_5^\circ(r)=\frac{5P_0\mathrm{e}^{r\zeta}}{5+(\mathrm{e}^{r\zeta}-1)} \tag{6.7}$$

再假定 $K=4\cdot P_0$，则式(6.6)可进一步简化为

$$y_4^\circ=f_4^\circ(r)=\frac{4P_0\mathrm{e}^{r\zeta}}{4+(\mathrm{e}^{r\zeta}\zeta-1)} \tag{6.8}$$

再假定 $K=3\cdot P_0$，则式(6.6)可进一步简化为

$$y_3^\circ=f_3^\circ(r)=\frac{3P_0\mathrm{e}^{r\zeta}}{3+(\mathrm{e}^{r\zeta}-1)} \tag{6.9}$$

再假定 $K=2\cdot P_0$，则式(6.6)可进一步简化为

$$y_2^\circ=f_2^\circ(r)=\frac{2P_0\mathrm{e}^{r\zeta}}{2+(\mathrm{e}^{r\zeta}-1)} \tag{6.10}$$

再假定 $K=1\cdot P_0$，则式(6.6)可进一步简化为

$$y_1^\circ=f_1^\circ(r)=\frac{P_0\mathrm{e}^{r\zeta}}{1+(\mathrm{e}^{r\zeta}-1)}=\frac{P_0\mathrm{e}^{r\zeta}}{\mathrm{e}^{r\zeta}}=P_0 \tag{6.11}$$

显然，存在单调关系 $y_5^\circ>y_4^\circ>y_3^\circ>y_2^\circ>y_1^\circ$，即 $y^*=f^*(r)$具有单调性。

在式(6.5)基础上，令 KG 的补全度为

$$\deg_{\mathrm{cmp}}(\mathrm{KG})=\frac{|\Delta\,\mathrm{KG}|}{|\mathrm{comp}(\mathrm{KG})|}=\frac{|\Delta\,\mathrm{KG}|}{|\mathrm{init}(\mathrm{KG})|+|\Delta\,\mathrm{KG}|}\approx\frac{K-P_0}{K}=\frac{\omega-1}{\omega} \tag{6.12}$$

令 KG 的初始度为

$$\deg_{\mathrm{ini}}(\mathrm{KG})=\frac{|\mathrm{init}(\mathrm{KG})|}{|\mathrm{comp}(\mathrm{KG})|}=\frac{|\mathrm{init}(\mathrm{KG})|}{|\mathrm{init}(\mathrm{KG})|+|\Delta\,\mathrm{KG}|}\approx\frac{|\mathrm{init}(\mathrm{KG})|}{K}=\frac{1}{\omega} \tag{6.13}$$

显然，存在

$$\deg_{\mathrm{cmp}}(\mathrm{KG})+\deg_{\mathrm{ini}}(\mathrm{KG})=\deg(K)=1 \tag{6.14}$$

因此图 6.1 中的饱和曲线成立。

6.2 总结与展望

6.2.1 总结

知识图谱是大数据、人工智能迅速发展背景下产生的一种知识表示与管理方式，搜索引擎的“智能”搜索功能掀起了知识图谱相关技术的研究热潮。知识图谱的应用模式已涉及知识表示、抽取、融合、问答、推理、检索等关键领域，成为知识服务领域的新热点之一，受到业界广泛关注。尽管 Freebase、Wordnet、DBpedia、YAGO 和 NELL 等知识图谱在解决信息检索、知识推理、智能问答、数据集成、智能推荐等人工智能任务中起着至关重要的作用，但是许多大规模通用领域知识图谱大多由人工或半自动方式构建，通常比较稀疏，大量实体间隐含的关系并没有被充分挖掘出来，远未达到完备的状态。

知识图谱补全能提高知识图谱的知识覆盖率，是人工智能领域的一个研究热点。知识图谱补全是知识图谱在动态演化过程中实现完备化的必备机制。知识图谱补全的目的是预测出事实三元组中缺失的部分，使知识图谱变得更加完整，从而提高知识图谱的知识覆盖率。

在大数据时代背景下，个别搜索引擎企业融合多源异构大数据，构建超大规模通用领域知识图谱，拥有十亿级实体和千亿级事实，并在不断演进和更新，给知识图谱补全带来巨大挑战。本书主要应对以下 4 个挑战。

(1) 实体间语义关系缺失问题(C_1)。一种合理的知识图谱补全方法应可以建模对称、反对称、逆、可交换组合、不可交换组合等知识图谱中所有关系模式。这是因为关系建模能力不足或仅能建模部分关系模式，将导致实体间语义关系缺失。

(2) 三元组属性语义信息缺失问题(C_2)。深层次地挖掘三元组各维度属性信息，可提高知识图谱完备化程度。因此，许多研究者开始应用卷积神经网络补全知识图谱。但是，卷积层的每个值均是线性权重的总和，并且每层均需要相同的卷积操作，需要大量网络数据学习特征；同时，不断的池化操作也会缺失大量重要的特征信息，导致三元组语义信息缺失。

(3) 多跳组合关系建模不充分问题(C_3)。建模多跳关系路径上的复杂组合关系模式是知识图谱补全中极为重要的任务。但是，如何充分建模复杂组合关系具有一定的挑战性，这是因为有的组合关系是不可交换的。

(4) 实体和关系之间的特征交互薄弱问题(C_4)。知识图谱补全研究的最新进展集中在知识表示学习或知识图谱嵌入，将实体和关系映射到低维向量中，同时捕获它们的语义信息。基于知识表示学习的补全方法，虽然可以处理对称、反对称、逆、组合等多种关系模式，但是它们只关注实体与关系之间的线性关系。在捕捉实体与关系之间的表示和特征交互方面非常薄弱，导致知识图谱补全模型的表达能力不足，不能动态构造一对多、多对一和多对多等关系类型，进而缺失了实体和关系之间的语义联系。

本书围绕知识图谱领域最基本、最核心的知识补全，针对知识图谱补全主流方法中存在的问题，依据四元数、四元数群、动态对偶四元数以及胶囊网络的独特特性，探索有效的知识图谱补全方法和研究相关关键技术。本书针对上述 4 个挑战进行了大量的有效尝试，取得了一定的研究成果，主要研究成果如下。

1. 基于四元数关系旋转的知识图谱补全方法

围绕关系建模能力不足导致实体间语义关系缺失问题，通过研究知识图谱关系模式、四元数旋转算子以及四元数的空间几何意义，基于四元数表示非常适合向量空间中平滑旋转和空间变换参数化的优点，本书第 2 章提出了基于四元数关系旋转的知识图谱补全方法。该方法将知识图谱中的实体和实体间关系映射到超复数向量空间(即四元数空间)中，并将每个关系定义为头实体到尾实体的旋转。定理证明验证了该方法可以有效地建模和推理对称、反对称、逆、组合等关系模式，并通过实验验证了该方法的有效性。

2. 基于四元数嵌入胶囊网络的知识图谱补全方法

围绕知识图谱补全方法不能深层次地挖掘三元组各维度属性信息，导致事实三元组语义信息缺失问题，通过研究卷积神经网络与胶囊网络的网络结构，结合胶囊网络具有学习数据少、耗时少、效率高、可编码更多特征信息以及特征信息保留于整个网络的优点，本书第 3 章在四元数关系旋转的知识图谱补全方法的基础上提出了一种基于四元数嵌入胶囊网络的知识图谱补全方法。该方法将关系建模能力较强的四元数关系旋转的知识图谱补全方法的训练结果作为本书优化后的胶囊网络的输入，经过胶囊网络的卷积、重组、动态路由以及内积等一系列操作运算后，得到三元组得分，判断三元组正确与否，进而补全知识图谱。实验结果表明，与同类方法相比，本书提出的基于四元数嵌入胶囊网络的知识图谱补全方法具有较好性能且结果精度高。

3. 基于四元数群的知识图谱补全方法

围绕多跳组合关系建模不充分，使组合关系均具有可交换性，导致多跳组合关系的语义信息缺失问题，通过研究关系嵌入中的群论、四元数群的特性以及知识图谱中组合关系的特征，依据群论和关系模式的对应关系，利用四元数群的特性，本书第 4 章提出了一种基于四元数群的知识图谱补全方法。该方法采用“轴-角”表示法，在基于四元数群的空间中对关系的旋转操作进行建模。实验结果表明，相比于同类方法，本书提出的基于四元数群的知识图谱补全方法，提高了链接预测任务的结果精度，尤其在建模复杂组合关系模式方面。

4. 基于动态对偶四元数的知识图谱补全方法

围绕实体与关系之间的表示和特征交互薄弱，不能动态构造一对多、多对一和多对多等关系类型，导致实体和关系之间的语义联系缺失问题，通过研究对偶四元数的空间结构，结合对偶四元数可以表示空间任意旋转与平移的优点，本书第 5 章提出了一种基于动态对偶四元数的知识图谱补全方法。该方法首先定义了知识图谱中关系旋转与平移的对偶四元数表示；然后设计了对偶四元数空间中的动态策略；最后使用动态映射机制构造实体转移向量和关系转移向量，并根据对偶四元数乘法规则不断调整实体向量在对偶四元数空间中的嵌入位置，动态构造一对多、多对一和多对多等复杂关系，增强了三元组元素之间的特征交互能力。实验结果表明，本书提出的基于动态对偶四元数的知识图谱补全方法相比于同类方法，提升了实验精度，尤其在建模一对多、多对一和多对多等复杂关系类型方面。

本书通过理论分析和实验证明了四元数驱动的知识图谱补全方法的有效性，为进一步探讨和研究知识图谱补全关键技术提供了一定的理论基础和实际应用参考。

6.2.2　展望

知识图谱在人工智能领域应用广泛，构建行业知识图谱有难度更有价值。知识图谱补全能让知识图谱具备完整性和完备性，是人工智能领域的一个研究热点，目前的研究还处于起步阶段，还将有很多新型的知识图谱补全问题被提出，还面临着诸多难题和挑战。纵观目前的研究现状，在未来的工作中，建议从以下 3 方面继续进行深入研究和探讨。

1. 研究"开放世界"知识图谱补全

本书是在"封闭世界"假设条件下，进行知识图谱补全任务，预测知识图谱中的隐含知识。从应用上来说，不仅希望补全知识图谱中隐含的知识，还希望把知识图谱外部知识补全进来。"封闭世界"知识补全，即知识内求过程；"开放世界"知识补全，即知识外展过程。知识体系完备化的整体过程，是由知识内求过程和知识外展过程构成。

2. 研究多模态知识图谱补全

多模态知识图谱是一个新兴领域，受益于近年来通信技术的发展，多模态数据越来越成为人们生活中触手可及的信息，种种多模态技术也成为当下研究的热门方向。一个完备的多模态知识图谱将极大地推动自然语言处理和计算机视觉等领域的发展，同时对于跨领域的融合研究也会有极大的帮助，多模态结构数据虽然在底层表征上是异构的,但是相同实体的不同模态数据在高层语义上是统一的,所以多种模态数据的融合有利于推进语言表示等模型的发展。

3. 研究动态时序知识图谱补全

传统的静态知识图谱将实体作为节点,由特定关系类型的边连接。然而,信息和知识不断演变,时间动态的出现,使静态知识图谱已经不能满足未来人工智能发展的需要。在动态时序知识图谱中,通过在每条边上设置时间戳或时间范围,将时间信息集成到图中。未来时间戳的事件预测,即动态时序知识图谱上的链接预测任务,将是动态时序知识图谱补全的首要任务。

综上所述,本书多角度多层次地对知识图谱补全进行了研究,针对现有问题提出了一些独特的解决方案,取得了较好的效果。然而,知识图谱补全在人工智能大潮下任重道远,还面临着许多难题和挑战,继续深入开展相关研究具有十分重要的意义、应用前景和社会价值。

本章小结

本章从知识图谱补全方法的优势与极限及其相互关系的角度,对本书提出的知识图谱补全方法进行了全方位分析。分析发现,随着嵌入空间的扩展,知识图谱补全方法的性能表现不断改善。

知识图谱在人工智能领域广泛应用,知识图谱补全还面临着诸多难题和挑战。“开放世界”知识图谱补全、多模态知识图谱补全以及动态时序知识图谱补全,还需要继续研究。